维新启前程
德誉著寰宇

科技木

——重组装饰材

庄启程　主编

厦门大学出版社
XIAMEN UNIVERSITY PRESS

国家一级出版社
全国百佳图书出版单位

图书在版编目（CIP）数据

科技木：重组装饰材 / 庄启程主编．—厦门：厦
门大学出版社，2019.10
ISBN 978-7-5615-6882-8

Ⅰ．①科… Ⅱ．①庄… Ⅲ．①装饰板 Ⅳ．① TS654

中国版本图书馆 CIP 数据核字（2019）第 234907 号

出 版 人	郑文礼
责任编辑	林　鸣

出版发行　厦门大学出版社

社　　　址	厦门市软件园二期望海路 39 号
邮政编码	361008
总 编 办	0592-2182177　0592-2181406(传真)
营销中心	0592-2184458　0592-2181365
网　　　址	http://www.xmupress.com
邮　　　箱	xmup@xmupress.com
印　　　刷	无锡易杰印刷有限公司

开本	720 mm×970 mm　1/16
印张	16.125
字数	223 千字
版次	2019年10月第1版
印次	2019年10月第1次印刷
定价	210.00 元

本书如有印装质量问题请直接寄承印厂调换

厦门大学出版社
微信二维码

厦门大学出版社
微博二维码

序　言

　　科技木（学名"重组装饰材"）是以普通树种木材的单板为主要原材料，采用单板调色、层积、模压胶合成型等技术制造而成的一种具有天然珍稀树种木材的质感、花纹、颜色等特性或其他艺术图案的木质装饰板方材。科技木不仅保留了木材原有的基本性质，而且剔除了原木节疤等缺陷，还可以进行防腐、阻燃等改性处理。它突破天然木材径级局限，集多种功能于一身，既可以加工成薄木装饰材，又可以用作锯材，广泛应用于地板、家具、门窗制造以及室内装饰领域，对缓解优质木材资源的不足、保护天然林资源、高效增值利用人工林木材均起到重要作用。

　　《科技木——重组装饰材》于2004年首次出版，是我国科技木领域的首部专著，为科技木的科研、教学和生产提供重要参考。全书以生产流程为主线，以木材科学理论为指导，系统地总结科技木的生产制造原理和生产技术，理论与实践相结合，内容深入浅出，图文并茂，实例丰富。该书再版，是在多年生产实践的基础上，改进了单板制造、染色、胶压成型、刨切等工艺参数，依据最新相关标准更新了质量评定与检测方法，增加了科技木新产品，内容更丰富，指导性更强，对促进科技木行业的技术进步和健康发展，有着十分积极的意义。

该书主编庄启程先生，早年毕业于厦门大学物理系，在木材行业倾注心力。他创办了维德集团，注重科技创新，探索木材资源高效利用和木材工业可持续发展之路。他在1981年投资建立了我国改革开放以来胶合板行业的首家合资企业——中国江海木业有限公司，专业生产胶合板，创造了大规模出口胶合板产品的纪录；大量使用非洲热带材制造胶合板，拓宽了原料渠道；利用意杨生产胶合板，提升意杨木材的利用价值，带动了农民广泛种植意杨的积极性。

20世纪80年代起，庄启程先生致力于科技木的研发，他是我国科技木产业的开拓者。在借鉴国外先进技术的基础上，维德集团利用国内外木材资源原料成功开发科技木，产品品种不断丰富，领先于意大利、英国、日本等传统生产科技木的国家。维德集团主持和参加科技木多项相关项目研究，并获得了丰硕成果，包括2002年被列入江苏省火炬计划项目，2003年被列入"国家重点新产品计划"，2007年"刨切微薄竹生产技术与应用"项目获国家技术发明奖二等奖；此外，还获得一批国家专利，为我国科技木行业的发展做出了重要贡献。

《科技木——重组装饰材》的再版，汇集了庄启程先生多年研究成果和实践经验，必将进一步推动科技木的研究与进步，对科技木的技术创新与行业健康发展具有积极意义。

2019 年 7 月 28 日

（吕斌　中国林业科学研究院木材工业研究所副所长、研究员，中国林产工业协会副会长）

目　　录

第一章 概　述

人类利用色彩搭配对家具和居住环境进行装饰可以远溯至人类远古时代的史迹。我国在三皇五帝时期就有了较为成熟的颜色调控技术。中国古代的宫殿、园林、家具等装饰都已采用薄木进行色彩纹理搭配，镶嵌形成装饰图案并采用描朱贴金技术进行装饰。在国外，2000多年前的罗马帝国也曾经盛行采用木片进行纹理和色彩搭配来装饰家具。可见，木材是与人类生活息息相关的材料，人们不仅是简单地用它制作器具，而且很早就懂得利用不同树种木材的色泽和纹理，通过拼接、镶嵌、涂饰、描画、雕刻等技术形成喜欢的色彩和花纹图案来美化人们的生活。

现代人们的消费观念越来越趋向于贴近自然。木材，尤其是具有美丽花纹和色泽的木材的用量越来越大。优质装饰材的需求增速尤为明显。一方面，色彩花纹美丽的木材绝大部分是珍贵树种木材，数量有限而且生长缓慢，难以满足市场需求的增长而我国作为森林覆盖率比较低的国家之一，自2014年起逐步停止天然林商业采伐；另一方面，森林与人类的生存息息相关，人类需要一个绿色的地球，保护天然林是人类共同的责任，刚果（布）、加蓬、喀麦隆等世界各木材出口国已开始限制天然林的砍伐和出口，木材的产量和限伐与人们的需求产生了不可避免的矛盾。

早在 20 世纪三四十年代，专家们就预计到了这种矛盾，并开始研究对木材进行调色处理，按设计好的花纹图案进行重组，以充分利用那些色泽单调、花纹呆板平淡的速生和普通树种木材，制造既具有天然木材特性，又具有人们喜欢的色彩和花纹图案的、装饰性强的木材，这就是现今的科技木（engineered wood），学名称"重组装饰材"（reconstituted decorative lumber）。英国、意大利、日本、中国等国家的高校、研究院、工厂都先后进行过大量的研究开发工作，并形成了规模化生产，国外如意大利的 Ipir、Alpi 等公司，国内如维德集团等知名生产企业。

现代染色技术、仿真技术、计算机模拟技术以及模具制造技术的飞速发展，大大促进了科技木的发展。尤其是计算机模拟设计技术在实际生产中的应用，为艺术、设计工程师提供了充分的想象空间，缩短了产品开发周期，通过计算机模拟设计将艺术家、设计师的设计图案形成三维立体仿真图形，并根据图形的关键要素得出模具制造的三维空间参数和理想色泽的原始数据，再通过试验方法进行参数调整，就可以将设计的图案通过科技木制造出来，成为具有艺术图案的木质装饰材料，用于装饰个性化的空间。

科技木的原材料取于普通和人工林树种木材，如速生杨、泡桐、大白木等，这些树种生长速度快，成材周期短，取材范围广，易于实现产业化人工种植；但这些树种材质软，材色多为白色或淡黄色，木材纹理单调，装饰性和力学性能都较差，直接应用价值极低，以前多用于制造胶合板芯板、刨花板、纤维板等，附加值较小——刨花板和纤维板则破坏了木材的天然纹理，失去了木材固有的物理性能和环境视觉的亲切感，因此以上产品一般都需要在表面进行装饰后才能使用。科技木在设计制造过程中充分保留了木材本身的优良特性，不破坏木材的微观构造，通过现代技术的综合应用，改变木材色泽、花纹和图案，赋予了其珍贵树种木材的特性，大大提高了装饰性能和力学性能，并且保留了木材优良的天然特性和环境视觉的亲和性；其规格尺寸则突破了天然原木规格的限制，根据需要可以制造成任意尺寸，为木材加工业向现代化、连续化生产提供了可能；其产品技术含量高，附加值高，开拓了人工速生林木材应用和木材精深加工的新领域，符合木材行业可持续发展的战略要求，是劣材优用、优材少用的木材综合利用方向之一。科技木用途广泛，装饰性、实用性强，因此越来越受到业内人士的重视和人们的喜爱。

第一节　科技木及其命名

一、科技木的概念

科技木（engineered wood）又称为"改性美化木"，学名为"重组装饰材"（reconstituted decorative lumber），是以人工林或普通树种木材的旋切（或刨切）单板为主要原材料，采用单板调色、层积、模压胶合成型等技术制造而成的一种具有天然珍贵树种木材的质感、花纹、颜色等特性或其他艺术图案的新型木质装饰材料。

科技木是由单板重组层积而成的。通常单板的厚度是一致的，纤维方向相互趋于平行。科技木的规格可以根据用途不同直接制造成需要的规格尺寸。其结构由单板和胶接层构成，因为施胶量很小，其胶接层主要是以胶黏剂与单板的混合层的形式存在。科技木的胶接层是模仿天然木材的生长轮或年轮设计的。这样，在科技木的切削面上，胶接层与单板层就构成了预先设计的花纹和图案。

3

二、科技木的命名

科技木常见的品种名称命名规则如下：

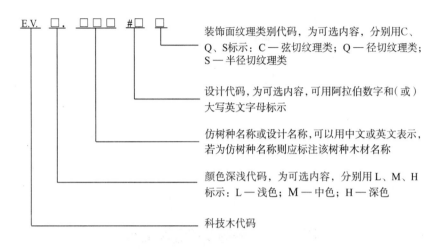

科技木品种命名示例如表 1-1 所示。

表 1-1   科技木品种命名示例

示 例	名 称		解 释
	中文名称	英文名称	
示例1	E.V.H. 黑胡桃	E.V.H.WALNUT	表示颜色为深色的黑胡桃科技木
示例2	E.V. 黑胡桃 #029C	E.V.WALNUT#029C	表示纹理为弦切纹理、设计代码为 #029 的黑胡桃科技木

注：设计代码格式和含义可以根据需要自行规定。

第二节 科技木的特点

一、科技木的分类

1. 按成品形态分

此种分类方法将科技木分为两类：成品以薄木形态存在，用于饰面等的称为科技木薄木；成品以板方材形态存在，主要以锯材的形式来使用的称为科技木锯材。

2. 按制造方法分

科技木的制造方法根据所使用的胶黏剂的不同而不同，最常用的是常温固化胶黏剂，称为冷压法，也可以采用热压固化、高频加热固化等方法。

3. 按花纹图案设计来源分

根据设计素材和花纹图案的不同，科技木可以分为两大类：一类为仿天然系列，其色泽和花纹图案是模拟天然珍贵树种木材的色泽和纹理设计制造的；一类为艺术图案系列，是融合了人们的喜好和思想而设计具有艺术性色泽和花纹、图案的科技木。

4. 按装饰面纹理分

科技木按装饰面纹理不同可分为径切纹理、半径切纹理和弦切纹理。径切纹理是指科技木的装饰面是沿仿年轮或生长轮的径向切割而成的，花纹表现为由长向近似平行的线条组成；半径切纹理是指科技木的装饰面是与仿年轮或生长轮的径向成一定角度切割而成的，花纹类似径切纹理，但线条的宽度较径切纹理宽；弦切纹理是指科技木的装饰面是沿仿年轮或生长轮的切线方向切割而成的，花纹表现为近似"V"形或曲线形排列。

5. 按特殊用途分

根据赋予科技木的特殊功能可以分为阻燃科技木、耐水科技木、耐潮科技木、吸音科技木等。

二、科技木的产品特性

1. 科技木的物质组成

科技木保留了木材的固有组成和天然特性，通过对其色泽的调配和结构的重组，使其具备优异的装饰性能和物理力学性能，绝干科技木各成分的比例因原材料树种、使用的胶种和加工方法的不同而略有差异，但主要由天然木材、胶黏剂及添加剂、着色剂（包括染料和颜料）、附加材料等组成。其中天然木材占到了92%～95%；胶黏剂及添加剂主要为胶黏剂改性剂等，如柔软剂、甲醛消除剂和填料等；附加材料主要为形成花纹和图案的辅助材料，如各种颜色的纸张、布等。常见的绝干科技木的各成分质量比例如下：

（1）天然木材　　　　　　　　　　　　　92%～95%

（2）胶黏剂及添加剂　　　　　　　　　　4%～6%

（3）着色剂（包括染料和颜料）　　　　　0～2%

（4）附加材料　　　　　　　　　　　　　0～0.5%

2. 科技木的产品特性

科技木保留了天然木材隔热、绝缘、调湿、调温的自然属性，并具有如下特点：

（1）色彩丰富，纹理多样。科技木可以根据人们不同时期的喜好对木材的色泽进行改性，并且搭配重组，制造人们喜欢的花纹和图案，使色泽更鲜亮，纹理立体感更强，图案更具动感及活力，充分满足现代人们需求多样化的选择和个性化消费。

（2）物理力学性能更优越。科技木在结构上对天然木材进行了优化重组，克服了天然木材易翘曲变形的缺点，其密度、硬度、静曲强度和抗弯强度等物理力学性能均优于其原材料——天然木材。

（3）生产综合利用率和成品利用率高。科技木可以充分利用原木旋切成的单板，将木材由圆变方，提高了木材的综合利用率；同时还可以根据不同的需求加工成所需的幅面尺寸，克服了天然木材径级的局限性，其纹理与色泽均具有一定的规律性，在使用过程中很好地避免了天然木材因纹理、色泽差异而产生的切割和拼接的烦恼，可以充分利用每一寸材料。

（4）剔除了天然木材的自然缺陷。科技木在生产制造过程中可以剔除天然木材的原有缺陷，克服了天然木材固有的虫孔、节疤、腐朽、色变、色差等不可避免的缺陷。

（5）可以赋予木材多种功能。科技木在制造过程中可以方便地进行防腐、防蛀、耐潮、吸音、阻燃等改性处理，赋予木材各种功能，并且有利于集多种功能于一身，充分发挥木材的性能。

三、研究开发科技木的意义

随着天然森林资源的日益减少，人工速生材的应用量越来越大，而随着天然珍贵树种木材的日益减少，通过对速生材进行深加工，使其具备珍贵树种木材的特征，从而替代之，减少珍贵树种木材的消耗，已成为木材加工业可持续发展的新课题。科技木就是这一新课题的重要成果之一。

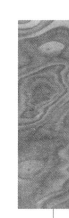

（1）科技木以天然木材为原料，在其制造过程中，没有破坏天然木材的微观构造和固有属性，完全保留了天然木材隔热、绝缘、调温、调湿等所有的自然属性，不受天然木材的自然缺陷以及色泽、纹理和规格尺寸的限制，使用性能、装饰性能则大大优于天然木材，符合今后人们的消费趋势和贴近自然、回归自然的消费理念，拥有广阔的消费市场。

（2）科技木使木材的色泽得到延伸，既可以制造出同天然珍贵树种木材纹理和色泽相似的品种，又能充分发挥想象力制造出具有艺术特色的品种。其纹理、色泽多样，品种繁多，将人的审美观和设计思想与木材的天然优良特性完美地融合在一起，其风格可以随时代的变迁而变化，并且可根据所需尺度、幅面、形体进行制作，满足大面积空间装饰的需求，工序简便，易切削加工，加工后不易变形。科技木打破了传统木业的设计风格因原材料而受到的限制，有利于实现后续加工的机械化和自动化，提高劳动生产率。

（3）科技木在制造的过程中综合应用了木材调色技术、木材胶接和模压成型技术，以及模具设计与制造、计算机模拟设计等现代新技术，有利于高科技技术在木材领域的充分应用。如加入阻燃剂使其具有阻燃功能，加入防蛀剂和防腐剂使其使用寿命延长，通过生物技术使其具有调节室内温度和湿度的功能等。科技木是跨学科、跨行业多项技术的综合应用，产品科技含量高，经济附加值高。

（4）由于科技木的胶黏剂使用量很少，制造过程中可以采用环保胶黏剂或完全不含甲醛的水性胶黏剂，符合国家和国际环保标准，

7

而原材料则利用可实现永续经营的人工林和速生树种木材，带动了人工速生林产业的发展，保护了天然林资源，为开发家具、人造板和装饰材料的新品种提供了新途径，为日渐稀少的天然林资源找到了极佳的替代品，既满足了人们对不同树种装饰效果及用量的需求，又使珍贵的森林资源得以延续，是真正意义上的绿色产品，符合木材加工行业可持续发展战略的要求。

科技木的开发利用，为速生和普通树种木材的利用开辟了新途径，有效地解决了高档装饰珍贵木材这一稀缺资源的供需矛盾，发挥了木材可再生资源的优势，丰富了木质装饰材料的主流品种，推动了木质材料表面装饰的研究和发展。目前，各国已陆续出台限制或禁止砍伐森林、限制木材出口等法律法规，普通和速生树种木材的利用必将成为今后木材利用的主流。因此，大力发展科技木是保障木材加工业可持续发展的重要途径之一，具有重要的长远意义。

四、科技木的应用

1. 饰面应用

（1）人造板贴面装饰。科技木薄木可以用于所有的贴面装饰，赋予人造板天然木材的装饰性能，而且科技木薄木幅面尺寸大，规格统一，无须修剪缺陷，便于人造板表面装饰的流水线和机械化作业，大大提高了生产效率和生产利用率。

（2）薄木饰面高压装饰板。科技木薄木经阻燃处理后，覆贴在三聚氰胺浸渍纸基板上，再经过表面处理制成的薄木饰面高压装饰板，其耐火等级可达到国家 B1 级、B2 级标准。产品既具有天然木材的装饰性能，又具有阻燃功能，广泛用于车船内舱、博物馆、图书馆、高层建筑等的室内装饰。

（3）木墙布、成卷薄木。木墙布是将科技木薄木贴在具有一定韧性和强度的纸或布上面制造而成的。它具有较高的柔韧性和强度，可以直接用于墙面装饰，也可以粘贴在其他基板上面使用，可减少薄木运输和使用过程中的破损，方便施工。

将科技木薄木拼接好贴在纸或布上面制成的连续带状的成卷薄木可以用于机械化人造板封边使用。

2. 锯材应用

科技木可以像天然锯材一样使用。与天然木材相比，科技木具有强度高、尺寸稳定性好、拼接少、利用率高等优点。科技木目前已广泛用于地板、家具、门窗、木线等制造，其切割成的厚木片还用于制造实木复合地板。

3. 其他应用

利用科技木色彩多样、纹理美观、不易变形等优点雕刻成木雕塑、木版画等工艺品深受国内外市场的欢迎，目前还用于笔杆、乒乓球拍等产品的制造。随着人们对科技木认识的深入，其用途必将拓展到更为广阔的领域。

第三节　科技木生产工艺流程

科技木的制造大致可按如下步骤进行：

1. 产品设计

产品设计阶段主要有如下工作：

（1）确定制造某种科技木的规格尺寸，并最终确定所需单板的幅面尺寸和厚度；

（2）确定该种产品所需的单板的色泽，制定染色工艺；

（3）设计并制造形成该种产品装饰花纹所需要的模具。

2. 单板制造

单板制造阶段主要采用旋切、刨切等方法制造所需规格尺寸的单板，单板厚度一般在 0.5～1.2 mm。用于制造单板的原木以量多、价廉、本身装饰性差的速生树种木材为主，如果某种木材本身已经具有比较美丽的纹理和色泽，那再用它来制造科技木就没有意义了。

3. 单板调色

为了具有所需的木材的色调，可以采用染色、漂白等方式对木材本身具有的色泽进行改良或完全改变原来的色泽，调制成所需的色泽。单板在染色时，可以采用扩散法、减压加压注入法、减压注入法和真空染色等方法，目前以扩散法应用得最为成熟和广泛。

4. 单板组坯与胶压成型

对调色后的单板进行涂胶，并按照预先设计的组坯方式组坯后采用既定的模具进行模压，以形成设计的花纹和图案。所使用的胶黏剂要求有一定的耐水性，并且固化后要有一定的韧性，以免刨切时损伤刀具。常用的胶黏剂有脲醛树脂胶与聚醋酸乙烯乳液的改性胶及湿固化型的聚氨酯胶。固化方式可以根据胶黏剂的特性选择热压法或冷压法：热压法固化时间短，但增加了加热成本；冷压法固化时间长，生产周期长，但生产成本较低。

5. 后续加工

固化成型后的科技木为一种实木方材，为了得到预先设计的花纹和图案，需要采用角度制材、剖分再胶合、刨切再重组等方式进行加工，最后根据用途的不同可以采用刨切成薄木或锯割成板材等方式得到不同用途的科技木成品。

以科技木薄木的制造为例，具体工艺流程如图 1-1 所示。

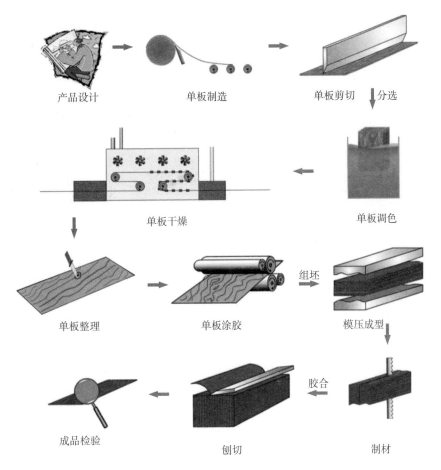

产品设计　　　　单板制造　　　　单板剪切　分选

单板干燥　　　　　　　　　　　单板调色

单板整理　　　　单板涂胶　组坯　模压成型

成品检验　　　刨切　胶合　制材

图1–1　科技木薄木生产工艺流程

第二章 木材构造特征及科技木用树种

从木材结构来看，每个树种都有其特有的结构特征。正是这些特征，形成了木材特定的花纹和图案，赋予了木材自然、多变、富于想象的装饰效果，也满足了不同时代不同喜好的人们的装饰需求。科技木设计与制造时，应根据不同的产品用途选择适用的树种木材。对于木材结构产生的不足，可通过改变工艺的办法加以弥补。

第一节 木材宏观构造及主要特征

一、树木的组成

树木是由树冠、树干、树根组成，如图 2-1 所示。

1. 树冠

树冠是树木的最上部分，由树枝、树叶构成，占立木总材积的 5%～25%。其功能是将吸收的二氧化碳及根部吸收的水分和矿物质，通过光合作用制造养分。

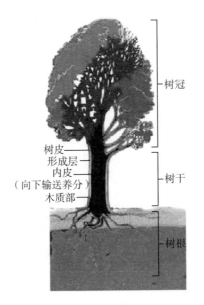

图 2-1　树木的组成

2. 树干

树干是树木的主体，木材的主要来源，科技木制造和木材应用的主要部分，占立木总材积的 50%～90%。其功能是向树冠输送由根部吸收的水分和矿物质，向树根输送和贮存由树冠制造的营养物质，与树根共同支持整棵树木于土地上。

树干由树皮、形成层、木质部、髓组成。

（1）树皮（韧皮部）：树干形成层以外的整个组织占树干总体积的 7%～20%。有表皮（初生树木的最外层，具角质外壁，一般一年即破裂）、周皮（包括木栓层、木栓形成层、栓内层）和皮层（介于表层或木栓与维管系统之间的基本组织，其功能是向下输送养分、保护树木不受环境及机械损伤）。

（2）形成层：树木的分生组织，通过形成层向外分生韧皮部，向内分生木质部使树木增粗。

（3）木质部：树干形成层以内的整个组织，是树干的主要组成部分，约占树干总体积的 80%～93%。作为原料使用时，称为木材。

（4）髓：茎中的部分，主要由薄壁组织构成。其形状、颜色、大小、构造不同，机械性能很弱和易碎。通常阔叶树的髓心大，针叶树的髓心小。

3. 树根

树根是树木的地下部分，占立木总材积的 5%～25%。其功能是支持和固定整棵树木于土地上，并吸收土壤中的水分和矿物质及储存营养物质。因为生长的不规则，并有许多大小不一的分枝，因此树根可以切成具有美丽花纹的薄木用于装饰，也是科技木图案设计的来源之一。

二、木材的宏观构造

木材是由许多细胞组成的，细胞的形态、大小和排列各有不同，使木材的构造极为复杂。但木材的构造和性质也有一定的规律，从不同方向、不同角度进行锯切，就可以得到具有不同花纹和图案的切面，人们利用切面上的特征辨别木材，研究各切面的不同性质和用途，利用不同切面的花纹和图案进行装饰。

木材的构造从不同角度观察表现出不同的特征，但其中最有价值的有三个切面，即横切面、径切面、弦切面，如图 2-2 所示。

横切面

弦切面

径切面

图 2-2　木材的三个切面

（1）横切面：垂直于木纹或树轴方向截取的切面。

（2）径切面：平行于木纹或树轴方向与木射线平行或与年轮（或生长轮）垂直截取的切面。

（3）弦切面：平行于木纹或树轴方向与木射线垂直或与年轮（或生长轮）相切截取的切面。

在不同的切面上，木材细胞组织的形状、大小和排列方式也不同，通过上述三个切面，基本上可以把木材的构造特征表现出来。除此之外，木材的物理、机械性能和装饰性能在三个切面上也有差别。科技木在设计时主要参考径切面和弦切面的花纹图案特征进行设计。其中径切面根据切割角度的不同又可以分径切和半径切，半径切的花纹比径切花纹要宽。

在肉眼或放大镜下所观察到的木材特征，称为宏观构造或粗视构造。宏观构造包括心材和边材、生长轮或年轮、早材和晚材、木射线、树脂道、管孔、轴向薄壁细胞等，如图2-3所示。材色、纹理、气味等也可作为识别和利用木材的辅助依据，生长轮或年轮、早材和晚材、木射线、材色、纹理等也是科技木设计时参考的几个重要因素。

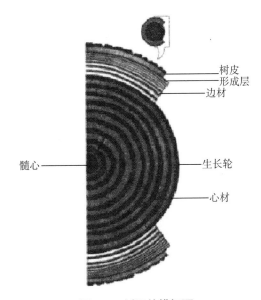

图2-3 树干的横切面

1. 心材和边材

一般来说，木材都有颜色。有些树种的木材，其通体颜色的深浅是均匀一致的，而有些树种的木材，在其横切面或径切面上却呈现深浅不同的颜色。靠近树皮材色较浅的部分，称边材；靠近髓心材色较深的部分，称心材。边材、心材材色区别明显的树种，叫显心材树种或心材树种，如栎、落叶松属、柏木属等。心材、边材材色没有区别的树种，叫隐心材树种或边材树种，如冷杉属、桦木属等。

对于显心材树种，靠近树皮部分的木材颜色较浅，靠近髓心周围部分的木材颜色较深，这样依据其颜色变化，可以确定出边材和心材。一般地说，颜色变化有生理学意义，但是仅以颜色来确定边材和心材并不十分准确。

对于隐心材树种，树干中心与外围部分的木材颜色没有区别，但含水率不同，在中心处木材的含水率较低，而外围处木材的含水率较高。这样，可以依据不同年轮层次的含水率差异确定边材和心材，一般针叶树种生材的边材含水率大于心材。但要测定多层次的木材含水率会耗费较长的时间，比较烦琐。

2. 生长轮、早材和晚材

在每个生长季节所形成的木材，在横切面上围绕髓心呈同心圆的，称为生长轮。在寒带或温带地区树木一年仅有一个生长季，即在横切面上一年只增加一轮木材，故生长轮又称年轮；在热带地区，气候在一年内变化不大，树木生长几乎四季不间断，一年可生长几轮，它们与雨季和旱季密切相关，故不能称生长轮为年轮。

生长轮在不同的切面上呈现不同的形状，在横切面上围绕髓心呈同心圆，在径切面上为明显的平行的条状，在弦横切面上为抛物线状或"V"形（见图 2-2）。

生长轮在不同的树龄阶段，表现不同的宽度。一般来说，幼龄期树木生长迅速，生长轮较宽；壮龄期生长速度减慢，生长量减少，生长轮变窄；到老龄期生长量更少，生长轮变得更狭窄。在每一个生长轮内，靠近髓心部分，即生长季节早期所形成的木材，其细胞分裂速度快，相比体积大，细胞壁薄，材质较松软，材色较浅，此部分称为早材；而靠近树皮部分，即在生长季节后期，营养物质流动能力减弱，形成层原始细胞活动能力逐渐降低，细胞分裂亦因而衰弱，于是形成了腔小壁厚的细胞，致使材质致密，材色较深，此部分称为晚材。由于早材至晚材的构造不同，在两个生长轮之间材质交界的地方组织结构有显著差异，明显地衬托出一条界线来，叫轮界线。早材至晚材的转变，有缓有急，不同树种差异较大，如针叶树材的落叶松、油松等和阔叶树材的环孔材早材至晚材的变化界限明显的为急变材；而针叶树材的红松、云杉等和阔叶树材的散环孔材及半散环孔早材至晚材的变化界限不明显的为缓变材。

生长轮的宽窄随树种、树龄和生长条件的不同而异，生长轮的宽度与木材机械强度存在一定的关系。一般认为，针叶树材生长轮较宽，其木材机械强度相对较低；生长轮较窄，则木材机械强度相对较高。通常利用木材的晚材率来衡量木材的机械强度（晚材率是指晚材宽度占生长轮宽度的百分比）。这是因为生长轮中晚材率是变化的，生长轮宽的，所形成的晚材率相对小；生长轮窄的，所形成的晚材率相对大。

3. 木射线

在横切面上，可以看到许多颜色较浅的呈辐射状的线条，称为射线。起源于初生分生组织向外延伸的射线，称为初生射线。初生射线可以从髓心直达树皮。起源于形成层的射线，称为次生射线。在木质部的射线部分称木射线，在韧皮部的射线部分称韧皮射线。

由于木射线的光泽与其他组织不同，所以在三个切面上表现出不同的花纹。木射线在横切面上呈辐射线状，在径切面上呈垂直于年轮的平行短线，在弦切面上呈平行于木材纹理的短线。

针叶树材的木射线不发达，用肉眼或放大镜观察在横切面和弦切面上表现得不明显；阔叶树材的木射线很发达，但不同树种的木射线宽度和高度是不同的。木射线的宽度和高度在弦切面上可以显示出来，垂直木材纹理方向的为宽度，顺着木材纹理方向的为高度。

4. 管孔

管孔是绝大多数阔叶树材所具有的输导组织。导管在横切面上呈孔穴状，叫管孔。在纵切面上呈细沟状，叫导管线。除昆兰树科、水青树科的树种外，导管是所有阔叶材的特征。由于管孔较大，肉眼或在放大镜下容易见到，故称阔叶树材为有孔材；针叶树材除麻黄科的树种外，均不具导管，由于组成针叶树材的所有细胞的细胞腔很小，肉眼或放大镜下均看不见，故称针叶树材为无孔材。

管孔的有无是区别阔叶树材和针叶树材的重要特征。管孔的分布、组合和排列对阔叶树材的识别很重要。

（1）管孔的分布：在横切面上，管孔在一个生长轮内，从内到外，其分布和大小因树种而异，大体可分为五个类型（见图2-4）。

环孔材指一个生长轮内早材管孔明显地比晚材管孔大，沿生长轮呈环状排列，有一至数列，如刺楸通常为一列，蒙古栎、榆木等为数列。

半散孔材或半环孔材指一个生长轮内，管孔的排列介于散孔材和环孔材之间，早材管孔较大，略呈环状排列，早材管孔到晚材管孔的大小为渐变，如核桃、枫杨等。

散孔材指一个生长轮内早晚材管孔的大小没有显著区别，分布均匀，如柳属、桦属、椴属等。

辐射孔材指早材管孔和晚材管孔大小没有明显差别，管孔沿半径方向呈辐射状，可穿过一个生长轮和几个生长轮，如青冈栎、拟赤杨等。

切线孔材指一个生长轮内全部管孔成数列弦链状排列。如管孔弦链一侧围以轴向薄壁组织层，并在宽木射线间向树心凸起，即管孔犹如吊床悬挂于轴向薄壁组织下面，这种情况又称花彩状，如山龙科的树种。

（2）管孔的排列：主要指散孔材或环孔材的晚材带管孔的排列。其主要的排列类型如图2-5所示。

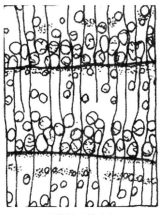

环孔材（梓木）

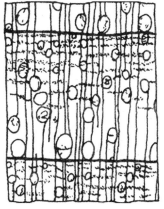

半环孔材或半散孔材（核桃木秋）

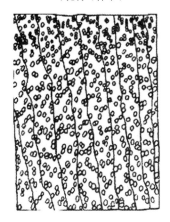

散孔材（旱柳）

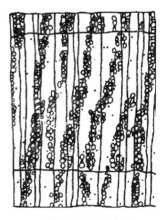

辐射孔材（拟赤杨）

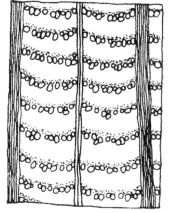

切线孔材（山龙眼）

图 2-4　管孔分布类型

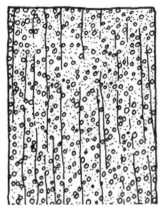

星散形（白柳桉）

径列形（冬青）

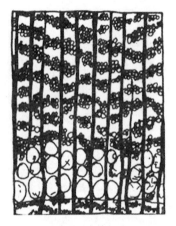

波浪形（白榆）

火焰形（板栗）

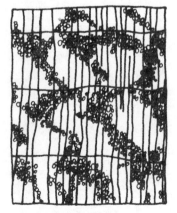

Z形（鼠李）

图 2-5 管孔的排列

星散形管孔大多数是单独的，分布均匀或比较均匀，无明显的排列方式，如水曲柳的晚材、荷木。

径列或斜列形管孔排列呈径向或斜向的长行列或短行列，与木射线的方向一致或呈一定的角度，如柞木的晚材。

波浪形管孔几个一团，略与年轮平行，弦向排列，呈切线形或波浪形，如榆科树种的晚材和切线孔材的树种。

火焰形早材管孔较大，好像火焰的基部，晚材管孔较小，形似火舌，如板栗、麻栎等。

溪流形管孔排列成溪流状，径向伸展，穿过几个生长轮，如辐射孔材的树种。

Z形管孔斜列，有规则地中途改变方向，呈Z形，如桉属的树种。

（3）管孔的内含物：管孔的内含物系指在管孔内的侵填体或无定形沉积物。侵填体的有无和数量的多少，有助于木材的识别和木材的特殊利用，如刺槐、檫木等含较丰富的侵填体，具有侵填体的木材因管孔被堵塞，气候和液体对木材的渗透性降低，增加了木材的天然耐久性。

管孔有大有小，在纵切面呈沟槽状。管孔大的沟槽深，管孔小的沟槽浅，形成木材花纹，旋切或刨切后极为美观。但管孔大的木材在涂胶和油漆时，就要填补管孔，比较费工时，胶料和油漆材料消耗也多，如水曲柳。散孔材管孔大小均匀一致，旋切或刨切后单板表面平滑，涂胶和油漆时，耗胶和油漆材料相对少得多。

5. 树脂道

某些针叶树材中，由分泌细胞围绕而成的细胞间隙，叫树脂道。

树脂道通常分轴向树脂道和横向树脂道两种。在横切面上，轴向树脂道呈乳白色或褐色点状，大多单独分布，间或也有断续的切线状分布。在纵切面上，轴向树脂道沿木纹方向呈褐色短条状。横向树脂道存在于木射线中，与木射线细胞一起形成纺锤形木射线。横向树脂道肉眼很难看见，需用放大镜观察。

具有树脂道的木材在材面上常具有深色油性线条，它影响木材的着色性能、胶合强度和油漆。树脂道含量大的树种，其木材的透

21

水性和吸湿性较小，而容积重、发热量和耐久性较大。因此，树脂道对木材的物理、机械性质和木材的利用都有一定的影响。

三、木材的其他特征

1. 木材的颜色和光泽

树木在生长过程中，木材细胞发生了一系列的生物化学反应，产生各种色素、树脂、树胶、单宁及其他氧化物质，沉积在细胞壁或渗入木材的细胞壁中，而使木材呈现出各种颜色。

木材的颜色变化很大，就是同一树种的木材，因木材的干湿、在空气中暴露的时间长短、有无腐朽，以及树龄、部位、断面、立地条件等因素的不同而异，同时，人们对于颜色的反应也不尽相同。如干材的颜色比湿材浅。当木材长期接触空气时，木材表面就会逐渐被氧化而改变原有的颜色，如花榈木的心材，初锯开时呈鲜红褐色，时间久了变为暗红褐色；赤杨刚伐倒时是肉色，经过 0.5 h 后，转变为黄红色。

木材的颜色因树种而异，就是同一株树木，也会因不同的部位而有差别，如心材和边材的颜色就不一样，在不同木材切面（横切面、径切面和弦切面）木材颜色也有变化。木材的表面与金属不同，它是由各种细胞以不同方式排列组合而成，即使在木材同一表面上，不同的细胞间隙和组分的差异也会引起木材颜色的细微差异。因此，天然木材的颜色在装饰时很难实现一致，总是或多或少地存在色差，有时为了实现颜色的搭配往往会造成大量木材的浪费，对大空间装饰尤其如此。

有时木材因为感染真菌或变色菌而变色，如马尾松边材常有青变，色木和桦木常有杂斑。有些木材边材色浅，心材色深。有时一些颜色较浅的木材颜色虽然比较均匀，但显得不够素净，带些霉暗色调。在这种情况下需要漂白，将色斑和不均匀的色调消除。

木材的颜色，不仅对鉴别木材有一定的帮助，而且对细木工制品也有很大价值，如根据不同的需要选择不同的颜色的木材用于家具、室内装饰、火车车厢等。如家具选用水曲柳、楠木、色木、柚木和胡桃楸等材色悦目、纹理美丽的木材；室内装饰用色木、桦木、桃花心木和柳桉类等；车厢内部一般用水曲柳、栎木。

木材的光泽是指木材对光线反射与吸收的能力。反射性强的便光亮醒目，反射性弱的便暗淡无光。木材的光泽与木材的反射特性有直接联系，当入射光与木纤维方向平行时，反射量大。家具表面粘贴不同纹理方向的薄木后，呈现不同光泽，就是这个道理。木材的表面是由无数个微小的细胞构成，细胞切断面就是无数个微小的小凹镜，凹镜内反射的光泽有丝绸表面的视觉效果，这一点是木纹纸、压纹纸等仿制品很难模拟的。在日常生活中，人们可以靠光泽的高低判别物体的光滑、软硬、冷暖。光泽高且光滑的材料，硬、冷的感觉较强；光泽低，温暖感较强。人们不是用两眼立体视觉来判断表面粗糙度的，很大程度上是先靠光泽度来判断的。光泽不同于材色，也不能代表木材是否容易磨光的性质。木材未经打磨以前，若光泽不显著，经打磨以后，还不显光泽，这表明木材已经初期腐朽。

2. 木材的气味和滋味

由于木材细胞腔内含有树脂、芳香油以及其他各种挥发性物质，因而木材散发出各种不同的气味。各种木材因其含的化学物质不同，它们的气味不同，如松木含有清香的松脂气味；杨木具有青草味；檀香木因含有白檀精，具有馥郁的香味，可用来气熏物品或制成散发香气的工艺美术品，如檀香扇。

木材的气味不仅可帮助识别木材，而且还有很多重要用途。如香樟可以提取樟脑油，用樟木制造的衣箱、书柜能够防虫；檀香木不仅可用来做折扇、雕刻和玩具，还能蒸馏得白檀油，用作制造檀香皂的原料。

木材的滋味是指一些木材具有特殊的滋味，如板栗具有涩味，肉桂具有辛辣及甘甜味。这是由于木材中含有能溶解的抽提物，不同的抽提物具有不同的滋味，如单宁具涩味、苦味。

3. 木材结构、纹理、花纹

（1）木材结构：木材结构是指组成木材各种细胞大小和差异的程度。木材若由较多的大细胞组成，则结构粗糙，叫粗结构，如泡桐；木材若由较多的小细胞组成，材质致密，叫细结构，如椴木、色木、桦木、黄杨木等属的木材。组成木材的大小细胞变化不大的，叫均匀结构，如散孔材的树种；相反地，变化大的，叫不均匀结构，如环孔材的树种。

木材结构粗或不均匀，在加工时容易起毛，旋切的单板板面粗糙，涂油漆后无光泽；结构致密和材质均匀的容易加工，材面光滑，适合作为细木工、雕刻等用材。结构不均匀的环孔材，花纹美丽；结构均匀的散孔材，花纹较差，但容易旋切和刨切，而且表面光滑。

（2）木材纹理：木材纹理是指组成木材各种细胞的排列情况。根据年轮的宽窄和早、晚材变化缓急，木材纹理分为粗纹理和细纹理。前者如落叶松、马尾松等针叶树材和年轮较宽的环孔材；后者如红松、云杉等针叶树材的年轮较为均匀的散孔材。另外，还可根据木材纹理的方向，将木材纹理分为直纹理、斜纹理和乱纹理，如杉木纹理直，强度大，易加工；斜纹理和乱纹理的木材强度较低，也不易加工，刨削面不光滑，容易起毛刺，但这些纹理不规则的木材能刨切出美丽的花纹，主要用在木制品装饰工艺上，用它们做细木工制品或贴面、镶边，涂上清漆，可保持本来的花纹和材色，颇为美丽。

（3）木材花纹：在木材的表面和家具的板面上常常看到颜色深浅不同、明暗相间的图案，习惯称为木材花纹。它是在生长轮，木射线等解剖分子相互交织，木节、树瘤、斜纹理、变色等天然缺陷以及不同的锯切方向等多种因素综合影响下形成的。

在木材的弦切面上可以看到呈抛物线状的花纹，这是由于每一个生长轮中早、晚材的密度、颜色和构造不同；在径切面上早、晚材带平行排列构成条带状花纹；具有宽木射线的木材在径切面上呈现出银光花纹，这是由于木材中的细胞交错排列，在板面上常显示一条色浅、一条色深形如带状的花纹；根基、树瘤（树木因病、伤而形成的瘤子）经锯切后材面形成美丽的树根花纹和树瘤花纹。具有扭曲纹理的木材如枝丫、木节、鸟眼等均可在弦切面上出现各种特殊的花纹，如枝丫薄木中可呈现鱼骨花纹。由于早、晚材颜色的差异，在材面上呈现材色深浅不同的条带，而形成不规则的花纹。

下锯方法不同可形成径切花纹、弦切花纹，还可以通过改变旋切角度使材面形成各种花纹，或者应用不同纹理的木材拼接成各种图案。

第二节　科技木用树种

一、木材结构对科技木的影响

1. 年轮或生长轮

年轮或生长轮非常明显的环孔材，早材疏松，有大管孔，而晚材致密，制得的单板具有大花纹，施胶时耗胶量大。染色时由于管孔分布不均，对染料的吸收不均，造成同一单板板面的色泽深浅差异较大，对染色技术要求较高。散孔材的木材组织均匀密实，旋得的单板均质光滑，对染料吸附均匀，易染成板面均一的色泽；施胶时胶量分布均匀，易于胶合。

2. 心材和边材

心、边材区分明显的树种，其含水率、木材硬度、收缩和膨胀性都有差异，这些差异都会影响到热处理、旋切、干燥、漂白染色和胶压等生产工艺。

3. 木射线

木射线能使单板表面美观，但增加了旋切时的阻力；旋切单板表面粗糙度较大，影响单板的胶合强度。

4. 硬度

太硬的木材对旋刀和刨刀的损伤较大，在加工过程中容易开裂。

5. 树脂道

有些针叶材有较多的树脂道，树脂较多。在旋切和干燥时，树脂会沾污旋刀和干燥机，染色时不易着色，胶压时容易产生脱胶和鼓泡等。

6. 木材纹理

木材细胞排列不同，产生不同的纹理。根据木材纹理的方向，可分为直纹理、斜纹理和乱纹理。直纹理木材强度大，易加工，染色、施胶均匀，适合科技木生产；斜纹理和乱纹理的木材强度较低，也不易加工，刨削面不光滑，容易起毛刺，不利于染色和施胶。生产中通常不采用斜纹理和乱纹理的木材，局部具有此纹理的单板可通过挖修的方式进行利用。

另外，木材结构粗糙或不均匀在加工时容易起毛刺或板面粗糙，导致染色不均，耗胶量大，对生产工艺要求较高。散孔材木纹较差，但易于旋切或刨切加工，染色均匀，胶合强度高，生产的科技木产品表面光滑，纹理细腻。

二、科技木用树种

绝大多数的树种可用于科技木的生产，但是对于那些本身就具有美丽花纹和色泽的珍贵树种木材，用来生产科技木就没有意义了。科技木旨在充分利用普通或速生树种木材，改善其理化性能，以提高普通或速生树种木材的使用价值，促进国民经济的发展。

制造科技木的树种应具备如下条件：

（1）量多、价廉，生长速度快。

（2）纹理通直，材质均匀，密度中等至小。

（3）材质本色以白色或浅色为宜，易于漂染及涂饰。

适用于生产科技木的国产树种有杨木、椴木、桦木、鹅掌楸等。进口材有白梧桐（ayus）、杨木（poplar）、奥克榄（okoume）、夫拉克（frake）、吉贝（ceiba）等。

白梧桐：大乔木，高达 45～55 m，直径为 1.5 m，枝下高 24 m，树干通直，板根高可达 6 m。心材白色至浅黄色，与边材区别不明显，气干密度 $0.33 \sim 0.48\,g/cm^3$；木材具有光泽，纹理交错或直，结构细至中，均匀，木材轻，干缩小，强度弱至中，锯刨等加工容易，切面光滑，易旋切，胶合、油漆、抛光性能好。

奥克榄：大乔木，高达 $25 \sim 35\,m$，有时可达 $50\,m$，具有大的板根。心材浅红褐色，边材灰白色，气干密度约 $0.48\,g/cm^3$；木材光泽强，材色好，纹理直，结构细，均匀，重量轻，干缩适中，硬度软，强度低，加工容易，表面有时易起毛，旋切性能佳，胶合强度高。

吉贝：心材浅黄白色，气干密度大于 $0.35\,g/cm^3$。

第三章 单板制造

科技木所用原材料主要是普通或速生树种木材的原木制造而成的单板或薄木。单板的制造技术直接影响着科技木的质量、生产效率、综合利用率和生产成本，先进的单板制造工艺不但节约了木材，而且有利于提高后工序作业的效率和产品的质量。

第一节　单板旋切

单板制造可以采用旋切方式，也可以采用刨切方式，在科技木制造中这两种方法都要用到。一般的，由原木制造单板时采用旋切方式，而需要再次用重组方式生产科技木时，采用刨切方式得到单板。本节主要介绍旋切方式制造单板的方法，为了提高单板的质量和产量以及旋切机的生产效率，进厂的原木需经断截、热处理、剥皮和木段定中心等工序。

一、木段水热处理

科技木对所用单板的加工质量要求较高，旋切过程中应尽量减少单板出现开裂、毛刺、厚薄不一、粗丝等缺陷。通常由新伐或在水中运输和贮存的原木直接旋切的单板都能够满足使用要求。但对硬度较高、放置时间较长、非水中贮存的原木或北方冬季冰冻的原木在旋切前通常要进行水热处理。

所谓水热处理，就是把原木段浸泡在常温，或一定温度的热水中，使木段软化，增加其含水率。木段水热处理可达到以下几个目的：一是将木段进行软化，降低木材硬度，增加其可塑性和含水率，以减少原木旋切阻力，降低能耗，减少单板裂隙的产生；二是减少动力消耗，木材经过水热处理后软化，节子的硬度大幅度下降，这样既保护了旋刀，提高旋刀的使用寿命，又能减少换刀的次数，提高生产效率，同时减少机床振动和动力消耗；三是有利于后期加工，边材部分的树脂和细胞液经过水热交换后部分溶解或渗透出来，这样有利于单板干燥、染色、漂白和胶合。因此，木材水热处理是得到表面光滑、高质量旋切单板的有效途径。

目前，木材水热处理的方法主要有三种：水煮、水与空气同时加热和蒸汽热处理。由于水煮法设备简单，操作方便，在生产中应用较广。

水煮热处理装置常为煮木池（一般尺寸为：$3\,m \times 6\,m \times 3\,m$），每池处理量约为 $20\,m^3$，如图 3-1 所示。煮木温度和时间要根据材质软硬、端裂的难易，分别采用不同条件。一般大径级木材可采用较高水温（$70 \sim 80\,℃$）的硬处理法，小径级木材则宜采用软处理方法（水温约为 $40\,℃$），蒸煮后再剥皮、旋切。

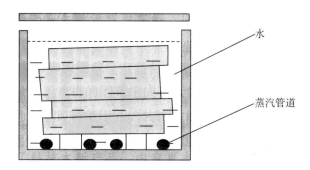

图 3-1　木材水煮热处理方法（蒸汽加热）

二、木段旋切

科技木生产中，用于旋切单板的木段长度一般为 1 900 mm、2 300 mm、2 600 mm、2 900 mm、3 300 mm。其旋切方式与胶合板生产相似，但需特别注意以下几点：

（1）旋切时通常在单板两端用无孔胶纸带封端，防止单板破损，封端间距应保证满足科技木生产的最小长度，以免影响后工序的染色（或漂白）效果。一般封端胶纸带须控制在两端部 50 mm 以内。现在部分科技木品种所用的单板端部不用胶纸带封端，目的是防止在漂染工序中胶纸带脱落，经干燥后牢固粘贴在单板上，影响胶合强度以及破坏设计纹理的图案。

（2）旋切时需保证旋刀的锋利，避免刀刃缺口，以确保旋切出表面光滑的单板，利于胶合。

（3）旋切的单板厚度应均匀一致，厚度偏差应控制在 ± 0.02 mm。

单板旋切设备有单卡轴、双卡轴和无卡轴旋切机。目前，原木旋切采用双卡轴和无卡轴旋切机。

双卡轴带压辊装置的旋切机在开始旋切大径级木段时，左、右两边的内、外卡头同时卡住木段，以保持足够的转矩保证正常旋切。当木段直径减小到比外卡头直径稍大时，通过液压传动，把左、右两边的外卡头从木段内退出到左、右两侧的主滑块（即半圆形滑块）之外；内卡头（即小直径卡头）继续卡住木段进行旋切，如图 3-2 所示。为了避免木段由于旋刀、压尺和卡轴作用力而发生弯曲变形，一般当直径减少到约 125 mm 时（依木段树种、长度等而定），压辊可以自动地压在木段的上方且相对于旋刀的另一方压住要变形的木段，防止木段向上和离开旋刀方向发生弯曲变形。这样可以在同一台旋切机上将木芯直接旋到 65 mm（图 3-3）。压辊还可采用动力传动，不但可以防止木段旋切时发生弯曲变形，而且可以辅助木段转动，有效减小木芯直径，如图 3-4。压辊应采用长压辊，不宜用短压辊。在旋切时，卡头深入木段后的位置不再变化，保持一定扭转，但轴向压力却能减少。这种要求,机械进退卡轴的方法是无法达到的,只有液压传动才能达到。

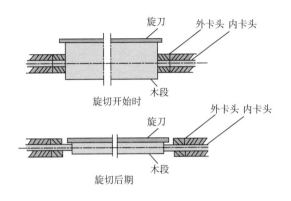

图 3-2 双卡轴结构示意

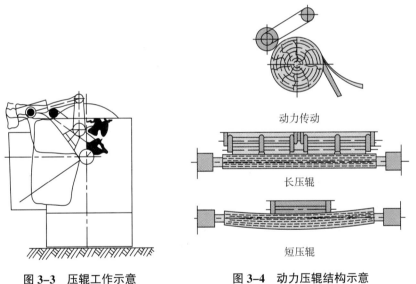

图 3-3 压辊工作示意　　　**图 3-4 动力压辊结构示意**

　　根据以上分析,目前应用的传统旋切机是借助卡轴来支持木段并使其转动。该方法有其不足之处,即旋切后总会留有木芯,不能全部旋切成单板,因此可采用无卡轴旋切机,如图 3-5。木段的支持和转动由支持动力辊给出,上压辊起定位和压尺作用。在旋切时,

31

旋刀是固定不动的，上压辊也是固定不动的，仅支持动力辊作同步转动和向上移动，使木段始终在压辊下，保证连续地旋出单板来。上压辊可上下移动，调节它同旋刀之间的间距，这个间距的大小决定单板厚度的大小。使用这种旋切机前，木段必须旋圆，使其表面具有大于1/2木段断面周长的圆面积，否则不能正常地进行旋切。

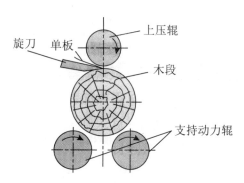

图3-5　无卡轴旋切机结构示意

科技木生产的原材料采用了速生树种木材，如杨木，原木直径普遍较小，一般为300～500 mm，若采用普通的单卡轴旋切机，木段产生的挠度大，木芯直径大，木段出材率较低，单板质量差，现在科技木生产企业很少采用此设备。采用带双卡头的旋切机，木段出材率和单板质量有所提高，且减小了木芯直径。但若采用无卡轴旋切机，不但克服了旋切木段产生的挠度，而且可大大减小木芯的直径，提高木段的出材率和单板质量。

三、旋切单板质量要求

单板质量的好坏直接关系到科技木产品质量，评定科技木用单板质量有以下几个指标：单板厚度偏差，即加工精度；单板机械加工缺陷；单板天然缺陷。

1. 单板厚度偏差

理论上，旋切出来的单板厚度应该是均匀一致的，但实际上由于机床精度、切削条件、木材材质、木材内部产生的应力等因素，厚度总是会有差异。这样在施胶时单板各处的施胶量不一致，胶固化干缩时就会产生不均匀的内应力。胶合时，局部胶量堆积，形成胶线，且胶合强度不均匀；胶合后，科技木易变形、开裂。单板厚度的不均匀易导致科技木纹理变异，因此生产科技木用单板的厚度偏差一般控制在 ±0.02 mm。

2. 单板机械加工缺陷

不严格遵守水热处理和旋切规程，违反切削刀具的调整参数，使用已磨损和调整维护不良的设备，这些都会造成单板机械加工的缺陷，对科技木的生产将产生不同程度的影响，如表 3-1 所示。

表 3-1　单板机械加工缺陷及其影响

缺陷名称		影　　响
单板厚度不均，超过允许偏差		布胶时，胶量分布不均，影响胶合强度； 严重时使科技木设计纹理变异
单板表面质量	（1）粗糙	布胶不均，磨损胶轮，影响胶合强度； 刨切时，薄木表面粗糙或出现孔洞
	（2）沟纹	布胶不均或缺胶，磨损胶轮； 刨切时，薄木表面粗糙或出现孔洞
	（3）起毛和毛刺	染色不均； 布胶不均，磨损胶轮，影响胶合强度
	（4）擦伤和划伤	降低单板等级，布胶时磨损胶轮
	（5）污染	降低单板胶合强度； 影响科技木外观品质

3. 单板天然缺陷

树木是在自然环境中生长的植物，由于自然气候的变化，树木受虫害和细菌的侵蚀，在树干中会形成虫孔和虫沟；在生长过程中生长出的枝节，经锯制后会在树干中留下节子；原木贮存期受木腐菌侵蚀会腐朽。这样的树木经过旋切加工后，单板板面上会出现虫孔、虫沟、变色、活节、死节、腐朽等天然缺陷，这些缺陷降低了单板等级，影响了成品科技木的外观品质、胶合强度及力学性能。天然缺陷可以通过修补剔除，但科技木生产一般要求上述天然缺陷总面积不超过整张单板总面积的 30%，否则将会影响产品的质量。

第二节　单板干燥、剪切和分选

一、单板干燥

1. 单板干燥终含水率

旋切后的单板含水率很高，可以直接投入染色然后再干燥，但若要对单板原材料进行贮存以供应采伐淡季使用，则需要在旋切后进行干燥处理，以便于贮存，防止霉变和腐朽。

采用脲醛树脂胶生产科技木时，对施胶单板的含水率要求较为严格，除每一张单板的任一点含水率应控制在工艺要求范围内外，同一种科技木用单板的含水率差异不宜太大，否则易导致单板各部位对胶水的渗透量存在差异，固化时产生应力不等，影响胶合强度。目前，科技木生产主要采用改性脲醛树脂胶，要求单板施胶前的含水率为 8%～16%。而单板原材料长期贮存时，单板含水率通常要求控制在 8%～12%，并应贮存在干燥通风处。

2. 单板干燥方法及设备

单板干燥有自然干燥和人工干燥两种方法。自然干燥速度慢，受气候影响大，干燥不均匀，含水率不易控制。连续生产的企业都采用干燥机进行人工干燥。单板干燥机是一种连续式的单板干燥设备，其类型很多，按传热方式可分空气对流式、接触式和联合式。

空气对流式：由循环流动的热空气把热量传给单板。

接触式：热钢板与单板相接触直接把热量传给单板。

联合式：有对流—接触式、红外线—对流混合式、微波—对流混合式等多种形式。

按热空气在干燥机内的循环方向与干燥机纵向中心线之间的关系，可分为纵向通风式和横向通风式。

纵向通风式：热空气沿干燥机的长度方向循环，气流和单板运送方向相同的称为顺向，气流和单板运送方向相反的称为逆向。

横向通风式：热空气沿干燥机的宽度方向循环。气流有平行于单板表面的，也有与单板表面呈垂直喷射的。

纵向通风式干燥机中热空气沿干燥机的长度方向循环。由于热空气的循环路线长，风速沿途降低快，而且干燥机内各处风速不均匀，因此，干燥效果差。此类干燥机目前已很少采用。在横向通风式干燥机中，分气流平行于板面通过和垂直喷射于单板表面两种，其中以气流垂直喷射于单板表面的效果最佳。这是因为单板厚度小，表面积大，可以进行高温快速干燥，以蒸汽散热器加热空气到150℃以上，借通风机和喷嘴使热空气快速垂直喷向单板表面，喷气的冲击作用破坏了单板表面的临界层和饱和水蒸气层，克服了气流与单板表面的摩擦阻力，使热量的进入、湿空气的排出相当迅速，从而达到单板高温快速干燥的目的。因此，此类干燥机是目前使用得最广泛的一种单板干燥设备。

按单板传送方式分，常有网带式和辊筒式两大类。网带式用上、下网带来传送：上层网带用于压紧，防止单板在干燥中变形；下层网带主要用于支承和传送。辊筒式用上、下成对辊筒组，依靠辊筒转动和摩擦力带动单板前进。由于前后辊筒间距不能太小，故这种传送方式不适合于0.5 mm厚以下单板的传送。由于辊筒传送压紧力较大，所以干燥后单板的平整度比网带式好。

目前出现了一种新型的单板干燥机即复合式单板干燥机，结构如图3-6所示。这种单板干燥机上层为网带干燥，中、下层为辊筒干燥，其投资少，占地面积小，可同时满足不同厚度单板干燥的需求。

图3-6　复合式单板干燥机结构

任何单板干燥机都包括干燥段和冷却段两部分。干燥段要用来加热单板，蒸发水分，通过热空气循环，从单板中排出水分。冷却段的作用在于使单板在保持受压的传送过程中，通风冷却，一方面消除单板内的应力，使单板平整；另一方面利用单板表芯层温度梯度蒸发一部分水分。

单板干燥机的工作层数为1～5层。一般有直进型、S形和Ω形三种，通常为2层或3层，干燥剪切工艺有先干后剪和先剪后干两种。图3-7列举了以上三种类型辊筒式和网带式单板干燥机连续化作业示意图。

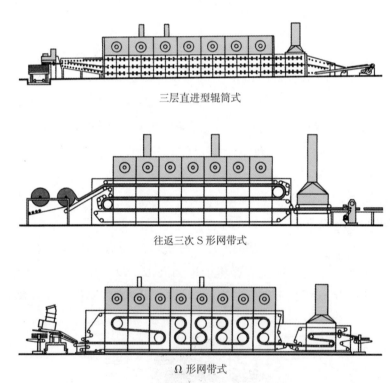

三层直进型辊筒式

往返三次S形网带式

Ω形网带式

图3-7　单板干燥机连续化作业示意

因单板染色为立式缸操作，故染色单板的含水率两端不一致，一端偏干，另外一端偏潮，干燥时进板应采取干湿端一加一的方式干燥，目的是保证干燥后的单板含水率平衡。对于特殊宽度的山纹单板，因一次干燥单板收缩率大，可采用低温二次干燥的方法。干燥后的单板，投入修补胶压成型前，一定要养生 24 h 以上，目的是保证含水率的均衡一致。

3. 单板含水率测定方法

单板干燥后的终含水率的测定方法主要有重量法、电阻测湿法、介质常数测湿法、微波测湿法和红外测湿法。采用重量法测量含水率最准确，但属于破坏性检测，且需要仪器较多，测量时间长，发现含水率不合格不能及时调整，在实际生产中很少使用。电阻测湿法最常用，其测定含水率范围一般为 5%～33%。这种测湿仪结构简单，携带、使用方便，但是测湿时需将钢针插入单板内，插入深度对测量的数值有一定的影响，测量误差一般为 ±1%。红外测湿仪适宜于连续作业时含水率的控制，将其安装在干燥机的出板处，单板在输送过程中经过红外测湿仪时就可以测出其含水率，及时判断含水率是否合格并进行工艺调整，避免人工操作，提高了劳动生产效率。图 3-8 为几种常见的单板含水率测湿仪。

A. 插入电阻式含
水率测湿仪

B. 无探针式微波
木材测湿仪

C. 红外含水率测湿仪

图 3-8　几种常见的单板含水率测湿仪

目前，生产中大量采用速生树种，例如杨木，由于材性本身的特点，单板干燥时，常常出现翘曲变形，除了要求改进干燥工艺条件外，还可以采用诸如热板干燥、连续式热压干燥、单板整平等技术。

二、单板剪切

单板剪切是指将原木旋切后的单板带或调色后的单板剪切成科技木生产所需要的规格尺寸，便于生产和原材料的合理利用。

1. 剪切工艺

单板剪切的工艺有先剪后干和先干后剪两种。

（1）先剪后干。剪板机剪的是湿单板带。剪切时根据树种的干缩率，确定合理的干缩余量和加工余量，按科技木生产要求的规格和板面质量标准将单板带剪成整幅单板或长条单板。

先剪后干单板的宽度 B（木材垂直于纤维方向的尺寸）应为：

$$B=b+\triangle_0+\triangle_g \qquad (3-1)$$

式中：b——科技木设计宽度，mm；

$\triangle_0$——标准允许的加工余量，mm；

$\triangle_g$——单板的干缩余量，mm。

（2）先干后剪。剪板机剪的是干单板，剪切时不考虑干缩余量。剪切时按科技木生产所需单板的质量标准剪取整幅单板或长条单板。

先干后剪单板的宽度 B'（木材垂直于纤维方向的尺寸）应为：

$$B'=b+\triangle_0 \qquad (3-2)$$

式中：b——科技木设计宽度，mm；

$\triangle_0$——标准允许的加工余量，mm；

科技木生产常用单板规格如表 3-2 所示。

表 3-2　常用单板规格

项　目	规　格（mm）
长　度	1 270，1 580，2 235，2 540，2 850，3 150
宽　度	190，230，340，490，680，980
厚　度	0.5～1.2

剪切剩余单板和零片可拼接成生产所需的幅面规格，也可作为后工序修补的补片。

剪切除了将单板带剪成一定尺寸的单板外，还要从单板带上剪去不符合质量标准的天然缺陷，如腐朽、大节疤、虫孔等；同时剪去机械加工缺陷，如单板厚薄不均部分、边缘撕裂不齐部分等。

2. 剪切设备及注意事项

剪板机有机械传动剪板机、气动剪板机和自动剪板机。

单板剪切时需注意以下几点：

（1）单板整齐、方正。单板整齐主要指相同规格的单板之间的尺寸误差较小，一般要求小于 5 mm；单板方正主要指单板剪切后板面的对角线长度之差较小，要求不大于 5 mm。

（2）单板边部不能附有胡须状单板条和单板碎屑，以免影响染色效果。胡须状单板条和单板碎屑主要是由于剪切刀不锋利或与剪切垫板不平行，可以通过磨刀和调整剪切刀的水平度进行解决。

（3）根据缺陷的分布进行合理剪切。一般将缺陷集中区域直接剪掉，视板面状况再用于胶合板制造，以充分合理利用原材料。

（4）注意保护单板，防止单板撕裂。

三、单板分选

单板分选是指干燥剪切后的单板按工艺标准的要求进行分类和分等，剔除不符合要求的单板。分选后的单板可以送去漂白和染色或直接入库贮存。

一般单板分选包括以下几个方面：

1. 单板分色

将原色单板（未漂染之前的单板）按色泽的深浅分成 3～4 类，然后根据生产所需染色单板的色泽合理选择原色单板的类别进行染色，这样既可以保证所染色的同一品种科技木色泽的均一，又能合理利用原材料，节约漂染药剂，提高漂染效益，从而达到降低生产成本和提高原材料综合利用率的目的。

2. 单板分等

生产不同品种的科技木，原材料单板对缺陷的要求也不同，如生产径切纹理科技木的单板一般允许活节存在，而生产弦切纹理科技木的单板一般不允许活节的存在，因此将单板按缺陷的种类和数量，以及缺陷分布情况进行分等，可以充分合理地利用原材料单板。

3. 单板松紧面的合理搭配

单板不论是旋切而成的还是刨切而成的，都会有松紧面。漂染时单板的松面较其紧面更容易被染料渗透，单板的表层较内部更容易被漂染。为了保证同时漂染的单板色泽均匀，缩短染漂时间，需要对单板的松紧面进行合理的搭配，保证染色的单板内部和外部、松面和紧面色泽一致或近似一致。

按色泽和板面质量，单板通常可以分选出原色板、漂白板和染色板等。原色板是指不经修补、漂白和染色，可直接用于科技木生产的单板；漂白板是指不染色，经漂白修补后可用于科技木生产的单板；染色板是指先漂白后染色或直接染色，再经修补后可用于科技木生产的单板。染色板又分浸染板和漂染板。漂染板是指单板内外色泽一致，浸染板是指单板内部色泽与单板表面色泽有差别。染色板还可以根据所染颜色的深浅分类，也可根据具体的生产品种进行详细分类。

分选后的单板按种类和等级堆垛，防止单板混淆，导致单板"优质劣用"，浪费单板，影响下一工序。

用于科技木生产的单板，在旋切、分选、染色、干燥等前工序加工生产过程中，一定要做好单板的保护工作，以保证科技木薄木的成品品质。

第四章 单板调色

木材是一种天然的生物材料，其性质在于它的高度多样性和变异性。生产科技木的原材料以普通材种和速生材种单板为主，这些木材，特别是速生树种，心、边材颜色差异大，且大部分木材表面有色斑，有的深，有的浅，即使是色泽较为均匀的木材，达到科技木生产的设计组坯要求，直接利用单板的天然颜色去仿制珍贵木材的纹理色泽也十分不易，不利于规模生产。现有生产且在市面上销售的科技木产品，花色品种繁多，大约有2 000种，而生产这些产品所需要的五颜六色的单板至少上万种，但构成这些产品的单板主要集中在白梧桐、杨木等少数树种上，这就涉及木材单板的漂白与染色等调色处理。

第一节　光度分析法的基本原理

在化学分析中，经常遇到微量组分的测定，如含铜量为0.001%的试样，在100 mg试样中含铜0.001 mg，若用0.05 mol/L $Na_2S_2O_3$标准溶液滴定，则仅消耗0.000 3 mL。标准溶液的用量如此之少是无法用化学分析法来测定的，但可用比色和分光光度法准确地加以测定。

有许多物质本身具有明显的颜色，如染料溶液。当溶液浓度改变时，溶液颜色的深浅也随之改变。浓度愈浓，颜色愈深；浓度愈稀，颜色就愈浅。因此，比较或测定溶液颜色的深浅可以确定溶液中有色物质的含量，这种方法称为比色分析法。比色分析法在分析化学中已有很久的历史。最初人们发现溶液的颜色是随着有色物质的增加而加深，由此出现了目视比色法。随后人们又认识到溶液的颜色是由于对光的选择性吸收而产生的，通过滤光片，光电池（管）能准确地测量溶液的浓度，从而出现了光电比色法。随着近代测量仪器和计算机技术的发展，目前已普遍使用分光光度计进行分光光度法测定。目视比色法、光电比色法和分光光度法统称为"吸光光度法"，简称为"光度法"。

使用可见分光光度计测定有色物质的溶液对某光波的吸收程度来确定被测物含量的方法称为可见分光光度法。

一、溶液颜色与光吸收的关系

光分为可见光（如日光、各种灯光）和不可见光（如紫外光、红外光及各种射线）。光是一种电磁波。人们视觉可感觉到的光波长为 $400 \sim 760\,nm$，称为可见光。当电磁波的波长短于 $400\,nm$ 时，称为紫外光，长于 $760\,nm$ 时称为红外光。紫外光和红外光人眼均看不见。

日光和白炽光是一种混合光（白光），由红、橙、黄、绿、青、蓝、紫七种颜色的光按一定的比例混合而成，这些不同颜色的光组成可见光谱，可以按波长将它们加以区分，如图 4-1 所示。如果将适当颜色的两种单色光按一定比例混合也可形成白光，这两种单色光就称为互补色光。例如，紫色光和绿色光按比例混合可以得到白光，紫色光和绿色光即为互补色光。图 4-2 中处于直线上的两种色光均为互补色光，它们按一定比例混合可形成白光。

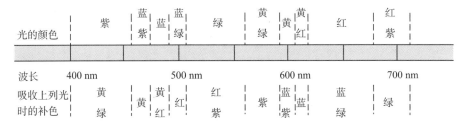

图 4-1　吸收光的补色

图 4-2　互补色示意

有色溶液的颜色是由于有色物质选择性地吸收了某些波长的光，而其余部分的光透过溶液，溶液就呈现出透过光的颜色。例如，当白色光通过蓝色染料溶液时，溶液选择性地吸收了黄色波长的光，而其他颜色的光则透过溶液。透过溶液的光中除了蓝色光外，其他颜色的光都两相互补成白色，因此蓝色染料呈现蓝色。同理，红色染料对青色光有最大吸收，其溶液呈现青色光的互补色——红色。

为了更精确地说明一种有色物质溶液吸收各种波长光的程度，我们常用光吸收曲线来描述。其方法是将不同波长的光依次通过一定浓度的有色溶液，分别测出它们对各种波长光的吸收程度，然后以吸光度为纵坐标，以波长为横坐标作图，所得曲线即为光的吸收曲线。

从图 4-3 中可以看出如下几点：

（1）Nylosan Blue NRL 蓝色染料溶液对波长靠近 629 nm 附近的黄色光有最大吸收，而对 390～475 nm 的蓝色光几乎不吸收，即让蓝光通过，因而 Nylosan Blue NRL 蓝色染料溶液呈现蓝色。

43

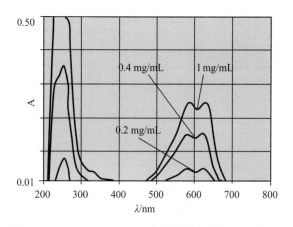

图4-3　Nylosan Blue NRL 蓝色染料溶液的光吸收曲线

　　任何一种有色溶液都可以测出它的光吸收曲线，光吸收程度最大处的波长为最大吸收波长，常用 λ_{max} 表示，例如 Nylosan Blue NRL 蓝色染料溶液的 $\lambda_{max}=629$ mm。比色分析和分光光度分析中，若在最大吸收波长处测定吸光度，则灵敏度最高。实践中常选用 λ_{max} 作为入射光源，而且要求波长范围愈窄愈好。有时为了消除试剂干扰离子以及介质酸度等的影响，在保证灵敏度的前提下，应适当改变测定的波长。

　　（2）改变 Nylosan Blue NRL 蓝色染料溶液的浓度，其光吸收曲线形状不变，最大吸收波长也不变，只是吸光度大小不同。浓度越大，吸收峰越高，吸光值越大。

　　在光度分析计算中常选用最容易被溶液吸收的单色光为入射光。溶液浓度的微小变化会引起吸光度的较大变化，这是光度分析法的理论依据。

二、光吸收基本定律

　　物质对光有一定吸收，朗伯（Lambert）与比耳（Beer）对此分别进行了研究。1730 年朗伯首先提出分光强度与吸收介质厚度之间的关系。1852 年比耳又提出光强度与吸收介质中吸光质点浓度之间的关系。朗伯 - 比耳定律是吸光光度分析的理论依据。

1. 朗伯定律

朗伯认为，当溶液的浓度一定时，物质对光的吸收与液层厚度和入射光强度成正比，或者说浓度一定时，入射光愈强，厚度愈大，吸收的光愈多。如图 4-4，假定入射光强度为 I_0，透过光强度为 I_t，可用式（4-1）表示：

$$\lg \frac{I_0}{I_t} = K_1 l \tag{4-1}$$

式中：K_1——比例常数；

l——液层厚度（即光程长度）；

I_0——入射光强度；

I_t——透过光强度。

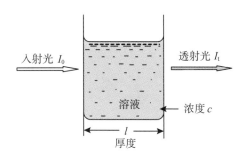

图 4-4 朗伯定律示意

透射光强度与入射光强度之比称为透光度，用 T 表示：

$$T = \frac{I_t}{I_0} \tag{4-2}$$

透光度表明透过光的程度，T 愈大说明透过的光愈多。而 I_0/I_t 是透光度的倒数，它表示入射光 I_0 一定时，透射光 I_t 愈小，即 $\lg (I_0/I_t)$ 愈大，光被吸收也愈多，所以 $\lg (I_0/I_t)$ 一项表示了单色光通过有吸收质点的溶液时被吸收的程度，通常将这一项称为吸光度（absorbance），用 A 表示（或称光密度 D、消光度 E）：

$$A = \lg \frac{I_0}{I_t} = \lg \frac{1}{T} = -\lg T \tag{4-3}$$

45

由此可得：

$$A = K_1 l = \lg \frac{I_0}{I_t} \qquad (4\text{-}4)$$

式（4-4）为朗伯定律的表达式，式中 K_1 为比例常数，它与入射光波长及溶液的性质、浓度和温度有关。朗伯定律适用于任何有吸收质点的均匀溶液、气体和固体。

2. 比耳定律

当液层厚度一定，一束平行的单色光通过均匀、非散射的溶液时，溶液吸收了一部分光能，使光强度减弱。很明显，溶液的浓度愈大，光被吸收的程度也愈大。如果溶液浓度增加 dc，则入射光通过溶液后就减弱了 $-dI$，则 $-dI$ 与入射光的强度 I 和 dc 成正比，即：

$$-dI \infty Idc$$

经过数字处理，得：

$$\lg \frac{I_0}{I_t} = K_2 c \qquad (4\text{-}5)$$

式中：c——浓度（可以用 g/L、mol/L、m/v 三种方法表示）；

$\quad\quad K_2$——比例常数，它与入射光波长、液层厚度、溶液性质和温度有关。

式（4-5）为比耳定律的数学表达式。比耳定律表明：当入射光的波长、溶液的液层厚度和温度一定时，溶液对光的吸收程度与溶液的浓度成正比。

比耳定律并不适用于所有的有吸收质点的溶液，因为在溶液浓度较高时，产生吸收的溶质会发生电离或聚合，影响光的吸收而产生误差。因此，比耳定律只能在一定的浓度范围和适宜的条件下才能适用。

3. 朗伯－比耳定律

如果同时考虑浓度 c 和液层厚度 l 对光吸收的影响，可将朗伯定律和比耳定律合并，则得：

$$\lg \frac{I_0}{I_t} = K_1 K_2 lc \qquad (4-6)$$

若 $K_1 K_2 = K$，则式（4-6）成为：

$$\lg \frac{I_0}{I_t} = Klc \qquad (4-7)$$

式（4-7）即为光的吸收定律的数学表达式，亦称朗伯－比耳定律，或简称比耳定律。式中 K 为比例常数，它与有色物质的性质、入射光的波长和溶液的温度因素有关，且它的数值还随 l、c 所采用的单位不同而不同。朗伯－比耳定律表明：当一束平行单色光通过均匀、非散射的稀溶液时，溶液对光的吸收程度与溶液的浓度及液层厚度的乘积成正比。它是光度分析法的基本依据。

如果将液层厚度 l 固定（即测定中用一定厚度的液槽），则吸光度 A 仅与溶液中吸光物质的浓度成正比，即：

$$A = K'c \qquad (4-8)$$

所以可以通过测量溶液的吸光度 A 来求出被测组分的含量。

上面所讨论的是在溶液中仅存在一种吸光物质的情况，如果同时存在多种吸光物质，那么，溶液的总吸光度应等于每一种吸光物质的吸光度之和，即：

$$\begin{aligned}
A &= A_1 + A_2 + A_3 + \cdots \\
&= (k_1 c_1 + k_2 c_2 + k_3 c_3 + \cdots) l
\end{aligned} \qquad (4-9)$$

溶液的吸光度的这一加和性可用于混合液中多组分的同时测定，为单板染色采用红、黄、蓝三色进行匹配五彩缤纷的色彩并使染液能循环使用提供了理论依据。

朗伯－比耳定律的使用是有一定条件的，在单板染色时应注意其适用范围。

（1）光吸收定律只适用于单色光。因为根据光吸收定律，$A = Klc$ 中的 K 值是随波长不同而改变的，只有在固定的某一波长下才是常数。但在实际工作中，目前所采用的光度测量仪器所提供的入射光都不是真正的单色光，而是复合光。

（2）对于每一种测定方法，光吸收定律都有其适用的浓度范围。被测染液的浓度都必须控制在一个符合光吸收定律的浓度范围内，因为浓度过大的溶液其吸光度太大而无法测量。因此，在实际操作中，比如染黑檀色单板时，往往将染液稀释200倍后测其低浓度溶液的吸光度，然后通过计算求得。

（3）被测染液必须是均匀透明的，而不是浑浊溶液，否则，悬浮颗粒会因沉降而影响溶液均匀性，或者入射光遇到悬浮颗粒时会发生色散作用而影响吸光度的准确测量。在单板染色中所采用的酸性红染料，因其溶解性不如同类型的酸性橙、酸性蓝染料，为了防止生成沉淀，准确测量吸光度，一般都必须加入分散剂或表面活性剂。

（4）被测染液中只能含有一种吸光物质，若含有一种以上的吸光物质，由于吸光度具有加和性，所以测得的吸光度应为各种吸光物质所产生的吸光度之和，即 $A_总 = A_1 + A_2 + A_3 + \cdots$，它不与被测组分的浓度成正比。因此为了消除其他吸光物质的影响，必须选择适合的参比溶液来加以抵消。

第二节　光度分析测量条件的选择

为了使光度分析法具有较高的灵敏度和准确度，在木材单板染色分析时应注意选择适当的光度测量条件，主要应考虑下列三点：

1. 入射光波长的选择

应根据吸收光谱曲线选择染液具有最大吸收时的波长为宜，这称为"最大吸收原则"。因为在此波长处，摩尔吸光系数 ε 最大，故最灵敏。但是，当有干扰物质存在时，有时不可能选择被测组分的最大吸收波长的光作为入射光。这时，应根据"吸收最大、干扰最小"的原则来选择入射光波长。

2. 选择适当的参比溶液

在测量溶液吸光度时，都是将溶液装入由透明材料制成的液槽中，那么，当光通过它时，就将发生反射、吸收和透射等现象。由于反射和试剂的吸收会造成透射光强度的减弱，为了使透射光强度的减弱仅与溶液中被测组分的浓度有关，就必须对上述影响进行校正。为此，可采用光学性质相同，厚度一样的液槽储放纯试剂做参比调节仪器，使通过参比溶液的吸光度为零（$A=0$）或透光度 $T=100\%$，这样就可以消除由于液槽的反射和试剂的吸收对光强度所造成的影响，即：

$$A \approx \lg \frac{I_{参比}}{I_{试液}} \approx \lg \frac{I_0}{I_t} \tag{4-10}$$

也就是说，在实际工作中是以通过参比溶液的透射光强度作为入射光强度。这样所测得的吸光度就能比较真实地反映被测组分对光的吸收，也就能比较真实地反映被测组分的浓度。在木材单板染色过程中常采用蒸馏水作为参比溶液。

3. 吸光度读数范围的选择

影响光度测定的因素除上述两方面外，在不同吸光度范围内读数也可产生不同程度的误差。为减少这方面的影响，应选择在适当的吸光度范围内进行测定。

任何分光光度计都有一定的测量误差，对给定的某一台分光光度计来说，其透光度的读数误差（以 $\triangle T$ 表示）是一常数。但是当透光度不同时，同样大小的 $\triangle T$ 所引起的浓度误差（以 $\triangle c$ 表示）是不同的，浓度相对误差（以 $\triangle c/c$ 表示）也是不一样的。理论推导结果表明，当 $A=0.434$（相当于 $T=36.8\%$）时吸光物质浓度测定的相对误差（$\triangle c/c$）最小。在光度分析中，为了减少测量误差，应控制被测溶液的吸光度在一定范围内，一般要求是 0.10～1.0，最好是 0.2～0.7。从 $A=Kcl$ 的关系式中可以看出，调节溶液的浓度或改变液槽的厚度，便可以达到上述目的。

实际操作中，一般分光光度计设置的液槽厚度以 1 cm 为主，一旦设备型号确定，则改变液槽的厚度显然是不现实的，故实际操作中，常采取调节溶液浓度的方式。当被测组分的含量较高，测得的吸光度太大时，可取少量的试液或减少试样的质量；当被测组分的含量较低时，测得的吸光度太小，则应增加试液或试样质量。

第三节 分光光度计

用于分光光度法的分析仪器称为分光光度计。分光光度计用于测定试样的光谱透射或光谱反射因数，主要由光源、单色器、积分球和光电探测器组成。有的附有数据处理系统和打印、标绘装置，可以把测试结果打印或绘成曲线（反射光谱曲线或透射光谱曲线）记录下来。

分光光度计根据其波长范围可分为可见光分光光度计和紫外可见分光光度计；根据光源可分单光束分光光度计、双光束分光光度计和双波长分光光度计；根据其形态可分为桌面分光光度计和手提分光光度计。分光光度计原理见图 4-5，其中参比池和测量池实物图见图 4-6。

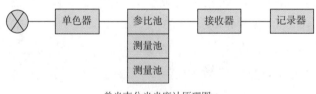

单光束分光光度计原理图

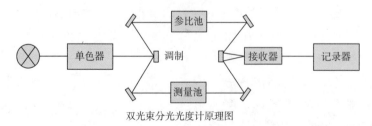

双光束分光光度计原理图

图 4-5 分光光度计原理

图4-6　参比池和测量池

一、单光束分光光度计

常用的单光束分光光度计主要由以下基本部分组成。见图4-7。

1. 光源

可见光区一般使用钨丝灯作为光源。紫外光区需要使用氢灯或氘灯，它们能反射200～400 nm的紫外光，放电管带石英窗。由于光源的发光强度取决于电源电压，电压的微小变化都会引起发光强度波动，因此仪器上必须设有稳压电源，以便光源的发光强度保持恒定。

2. 单色器

将光源发出的连续光谱色散为单色光的装置称为单色器。单色器是利用光的色散原理制成的。色散即是复合光变成各种波长单色光的过程，能使复合光变成各种单色光的器件称为色散元件。单色器由棱镜或光栅等色散元件及狭缝和透镜等组成。

3. 吸收池

可见光区使用玻璃吸收池（即比色皿），紫外光区采用石英吸收池。同样厚度的吸收池之间透光度差异应小于0.5%。被测溶液颜色深的，选厚度薄的比色皿；颜色浅时选择厚度厚的比色皿。要尽可能将所测得的吸光度调整至0.2～0.7。吸收池透光面必须垂直于

51

光束方向放置，以保证测量精度。

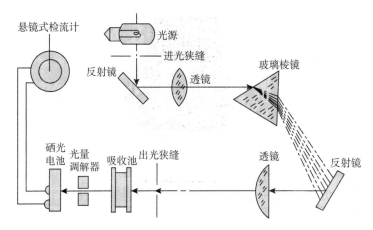

图4-7　典型单光束分光光度计的光学系统

4. 检测系统

分光光度计中的光电转换元件除使用光电池外（仅适用于可见光区），大多数采用光电管或光电倍增管。光电管是由一个阳极和一个光敏阴极构成的真空（或充少量惰性气体）二极管。由于阴极材料不同，锑铯阴极光电管适用于 $200 \sim 625\ nm$ 范围的光电转换，称为紫敏光电管；银氧化铯阴极光电管适用于 $625 \sim 1\ 000\ nm$，称为红敏光电管。当光电管的阴极面受到光子照射时，能够发射电子。在外加电场作用下，发射出的电子奔向阳极而产生电流，其电流大小取决于入射光的强度，利用电子放大器将信号加以放大，最后输出给指示仪表。图4-8是一个典型的光电管检测系统示意图。

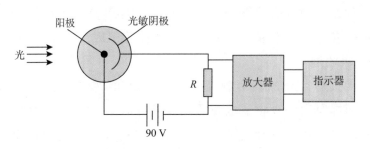

图4-8　光电管检测系统示意图

二、双光束分光光度计

早期生产的分光光度计多数是单光束的。当使用单光束分光光度计操作时，首先要测量溶剂，调整透光度至100%，接着测量样品溶液，在测量上较烦琐，精确度低，所以目前大部分已被双光束分光光度计所代替。双光束分光光度计可以自动记录吸收光谱图，可以反映紫外吸收曲线的细微结构，还可以运用于有机物的分子结构分析。现代的紫外分光光度计具备自动扫描、自动显示、自动打印分析结果等功能，并可配以专业软件与互联网连接，实现数据、色彩的无线传输，可作为与客户做颜色沟通的途径。

典型的记录式双光束分光光度计的光学系统如图4-9。双光束分光光度计的特点是：同一光源的光束通过两组反射镜分成光强相等的两束光，一束通过纯溶剂（在参比池内），另一束通过待测溶液（在样品池内），参比池的纯溶剂是为了补偿样品池溶液中的溶剂所引起的吸收，经一次测量便可以得到样品的全吸收光谱。

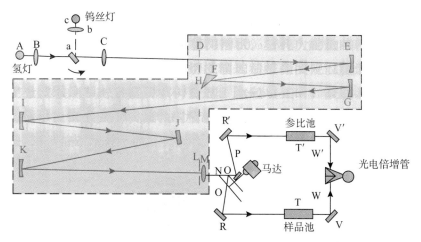

图4-9 典型的双光束分光光度计光学系统

光学系统的工作原理如图4-9。通过可移动的反射镜 a 选择氢灯 A 或钨丝灯 C，由光源来的光线经狭缝 D 进入单色器。用30°利特罗型石英棱镜 F 和光栅 J 色散，H 是中间狭缝，L 是出口狭缝。这三个狭缝的宽度是可变的，用伺服系统来协调动作，狭缝 D 和 L

的宽度相等，而狭缝 H 稍宽一些。由出口狭缝出来的单色光进入光度计，遇到正在转动的斩波器 N 和半圆反射镜 R、V、W 和 P、R'、V'、W'分别通过样品池和参比池而交替地照射到光电倍增管上。由两光束来的脉冲光彼此是异相的，所以光电倍增管在某一时间内只接收到一光束的光，即接收交替脉冲光，比如首先接收到由参比光束来的光，然后接收到由样品光束来的光。与交替脉冲同步的是一个光电时间信号系统，让两光束的信号比较，这些信号之间的任一差值可通过自动滑线调准进行校正，而调准工作可通过记录器的笔的位置反映出来。这类仪器同样带有单色器和狭缝的机械装置，能连续改变波长，机械装置与记录纸的传动是同步的。这样记录出来的光谱就是分析样品全波段的吸收光谱。

目前市场上可供使用的分光光度计品种繁多，主要有岛津 UV–3100PC 型紫外分光光度计，瑞士 DATACOLOR 公司生产的 TEXFLASH2000 型、ELREPHO2000 型、3890 型、UNIFLASH 型、MICROFLASH200D 型、SF–500 型、MCS 脉络式分光光度仪，美国 ACS 公司推出的 2018 测配系统的 CS–5 型分光光度仪、美国 MACBETH 公司最新推出的测配系统选用的色目 3000 分光光度仪和 COLOR–EYE 7000 分光光度仪，英国的 WPA。

1. 日本岛津（Shimadzu）UV–3100PC 型紫外可见分光光度计

日本岛津公司生产的 UV–3100PC 型紫外可见分光光度计（图 4-10）的光谱透射工作原理如图 4-11 所示，其各项技术指标见表 4-1。

图 4-10 日本岛津（Shimadzu）UV–3100PC 型紫外可见分光光度计

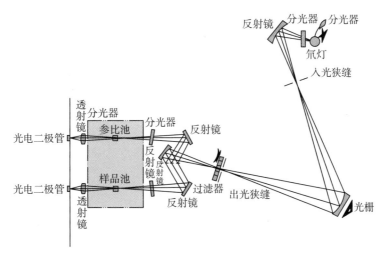

图 4-11 UV—3100PC 型紫外可见分光光度计光谱透射工作原理

表 4-1 UV—3100PC 型紫外可见分光光度计技术指标

波长范围	190～3 200 nm
谱带宽度（狭缝）	0.1/0.2/0.5/0.8/1/2/3/5/7.5 nm 9 段转换 0.4/0.6/0.8/1.2/2/3/4/6/8/12/20/30 nm 12 段转换
分辨率	0.1 nm
波长显示	0.1 nm
波长设定	0.1 nm（设定波长扫描范围时为 1 nm）
波长准确度	±0.1 nm（在 0.2 nm 狭缝处）在紫外线/可见光区内　｝内装有自动校正功能 ±1.6 nm（在 1 nm 狭缝处）在近红外线区内
波长重复精度	±0.1 nm 在紫外线/可见光区内 ±0.4 nm 在近红外线区内
波长扫描速度	波长移动时：约 1 600 nm/min 在 2 nm 间隔范围内 波长扫描时：　快　　　约 700 nm/min ｝ 　　　　　　　　中　　　约 200 nm/min ｝在 0.5 nm 间隔范围内 　　　　　　　　慢　　　约 100 nm/min ｝ 　　　　　　　　缓慢　　约 50 nm/min
光源转换波长	和波长同步自动转换，转换波长可在 282～293 范围任意设定（0.1 nm 单位）

杂散光	0.000 08% 以下（220 nm, Nacl 10 g/l 溶液） 0.000 05% 以下（340 nm, UV−39 滤光片） 0.08% 以下（1 690 nm, CH_2Br_2 10 mm） 0.05% 以下（2 740 nm, 氧化硅镀金板 $t=6$ mm）
测光方式	双光束方式（负反馈直接比例方式）
测光范围	吸光度：−4～5 Abs（+0.001%） 透射率、反射率：0～999.9% T（+0.01%）
记录范围	吸光度：−9.999～9.999 Abs 透射率、反射率：−999.9%～999.9% T
响应	对应于谱带宽度自动设置最佳的响应速度最小值为 0.1 s
基线校正	由计算机自动校正（电源启动时，基线被自动存储，可以再校正）
偏差	0.000 4 Abs/h（电源启动 2 h 后）
基本平坦度	±0.001 Abs/h 以内 z（210～800 nm，狭缝 2 nm） ±0.002 Abs/h 以内 z（800～3 000 nm，狭缝 5 nm） ±0.004 Abs/h 以内 z（3 000 nm 以上，狭缝 5 nm） 低速扫描，在低速扫描时进行基线矫正
光源	50 W 卤素灯（长寿命 2000H 型），氘灯（插座型）内装光源位置自动调整机构
分光器	衍射光栅—衍射光栅型双单色器 前级单色器：闪耀全息光栅（3 个转换衍射光栅） 主单色器：高性能闪耀全息光栅
检测器	光电倍增器，R−928
使用温度、湿度	15～35℃，15%～80%（不结露，30℃以上为 70% 以下）
样品室	室内尺寸：宽 150 mm× 长 260 mm× 深 120 mm 光束间距离：100 mm，能够使用长池程：100 mm（当狭缝小于 5 nm 时）
反射测定法	可替换样品和参考光束
额定电压	交流电：100 V、120 V、220 V、240 V、50/60 Hz
额定功率	400 VA
规格尺寸 / 重量	宽 1 020 mm× 长 683 mm× 深 265 mm/80 kg

科技木——重组装饰材

2. 瑞士 DATACOLOR 公司 SF–500 型分光光度仪

DATACOLOR 公司推出的 SF–500 型分光光度仪也是真双光束方式，采用 D_{65} 脉冲氙灯照明，此仪器采用 d/8 照明接收方式，内有自动紫外校正装置，照射孔径连续可调，波长范围 360～750 nm 连续扫描，间隔 10 nm 取样。光度测量范围从 0～200% 反射率，仪器分辨率为 0.003%。仪器为卧式，并设有液体测量装置，使用起来相当方便。图 4–12 所示为该仪器的光学原理图。

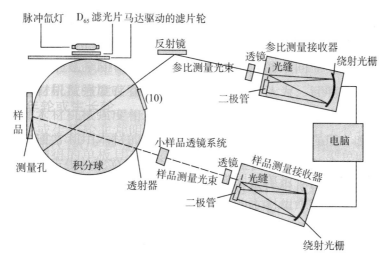

图 4–12 SF–500 型分光光度仪的光学原理

第四节 电子计算机配色

一、色差计算及色牢度评价

1. 色差计算

颜色的差异（包括色调、明度和饱和度），即色差。色差在生产实践中是有着相当重要的意义的。例如，染色质量管理方面的重要指标，即生产样品与来样之间的色差，以往都是由具有丰富辨色经验的人靠视觉进行的，这带有很大的主观性，因而供需双方有时会产生相当大的差异，使双方发生争执。对染色牢度的评价，以前也多是以目测的方式进行的。目测的方法，是以事先确定的不同级差的灰色样卡与被测样品试验前后的颜色差异相对照，以确定相应的牢度级别，这是一项十分困难的工作，因此，通过分光光度计（计算机测色仪）测量出色差△E数值，再结合ISO 105-A05标准的色差评级标准进行色差评级，可得出严谨准确的数据。

各种型号的计算机测色仪，其工作原理是一致的，即采用对立色坐标把颜色按其所含红、绿、黄、蓝的程度来进行度量，红度与绿度两者对立，被置于同一根横轴上，并以红度为正、绿度为负，称为a轴，另将黄度和蓝度置于纵轴上，黄正蓝负，称为b轴，与ab平面垂直第三根轴则为明度（以L表示），由此形成Lab表色空间，如图4-13所示，当一颜色A的红绿度、黄蓝度及明度确定，也就意味着A颜色在此坐标上对应某一唯一位置。当基准单板样和要比较的单板样色光有差异时在坐标上二点就不会重合，两点相比较得出横轴上a值的相差值$\triangle a^*$，纵轴上的b值相差值$\triangle b^*$和明度的相差值$\triangle L^*$，根据国际公认的CIELAB（1976）色差公式$\triangle E=[(\triangle L^*)^2+(\triangle a^*)^2+(\triangle b^*)^2]^{1/2}$，电脑测色仪计算出两者颜色之间的色差值△E，并列出来样与标准样颜色比较结果，$\triangle L^*>0$表示偏浅，$\triangle L^*<0$表示偏深；$\triangle a^*>0$表示偏红，$\triangle a^*<0$表示偏绿；$\triangle b^*>0$表示偏黄，$\triangle b^*<0$表示偏蓝。判定者结合色差评级标准对△E值进行色差评级，就可得出是否符合国家标准的结论。

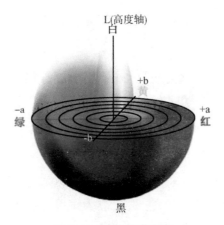

图4-13 Lab表色空间

2. 色牢度的评价

染色物依据用途的不同，必须能够充分对日光、风雨等具有抵抗性，此种抵抗性即为色牢度。染色单板的色牢度主要表现在对日光具有的抵抗性，即日晒牢度。是将已做日晒牢度处理的试件和未做处理的样本分别用比色计（如 Colour-Eye3100）检测系统进行色差分析测试，得出灰度值来判断日晒牢度。

用仪器评价色牢度和变色牢度的难易程度不同。通常色牢度因是染色后的被染物与白板之间的比较，色差较大，而且这些样品的明度都比较高，所以仪器评级比较方便，能与目测评级较好地一致。而变色牢度则相对困难一些，因为被评价样品色差较小，特别是深色低明度样品，因而要求测试仪器必须有较高的稳定性、较好的重复性和准确性，同时也要认真选择计算公式。

在纺织行业中常用于评价变色的公式有 CIELAB 色差式、JPC_{79} 色差式、$CMC_{(1:c)}$ 色差式和我国推出的评价变色牢度所使用的公式等。评价方法是，首先用选定的色差式计算被测试样前后的色差，然后根据计算出的色差值查相应的色差与牢度级别对照表，即可确定出被测试样的牢度级别。目前，单板的变色牢度的评价方法与纺织品的变色牢度评价方法相似，它是根据 ISO 105—A05 中的方法计算出 $\triangle E_F$，再通过下面两个方程式计算或由表 4-2 查得颜色变化的灰度值。

当 $\triangle E_F \leqslant 3.4$ 时：

$$GS_C = 5 - (\triangle E_F/1.7) \tag{4-11}$$

当 $\triangle E_F > 3.4$ 时：

$$GS_C = 5 - [\lg(\triangle E_F/0.85)/\lg 2] \tag{4-12}$$

评级时，只需把标样和样品由测色仪测得有关参数计算出色差，然后与表 4-2 中所列的色差值比较，求出相应级别。另外，单板变色牢度还可以采用蓝色羊毛标准和 ISO 105—A02 变色灰卡来评价，其评级的具体操作和测定要求在第十章中详细介绍。

表 4–2　ISO105—A05 灰度值与牢度级别之间的关系

总色差（$\triangle E_F$）	牢度（GS_C）级别
$\triangle E_F < 0.40$	5
$0.40 \leqslant \triangle E_F < 1.25$	4.5
$1.25 \leqslant \triangle E_F < 2.10$	4
$2.10 \leqslant \triangle E_F < 2.95$	3.5
$2.95 \leqslant \triangle E_F < 4.10$	3
$4.10 \leqslant \triangle E_F < 5.80$	2.5
$5.80 \leqslant \triangle E_F < 8.20$	2
$8.20 \leqslant \triangle E_F < 11.60$	1.5
$11.60 \leqslant \triangle E_F$	1

二、配　色

　　两个物体如果给人以相同的颜色感觉，就称这两个物体具有相同的颜色，或这两个物体等色。呈现相同颜色的光的光谱组成可以不一样。如果两个物体具有完全相同的光谱反射曲线，则不论光源的光谱组成如何，只要用相同的光源照射，每个物体的反射光的光谱组成总是相同的。也就是说，不论光源的种类如何，这两个物体的颜色总是相同的，这种关系叫无条件等色。如果两个物体的光谱的反射曲线不同，在一定的照明下颜色相同，改变光源的光谱组成，这两个物体就呈现不同的颜色，这种要符合一定的照明条件的等色称为照明条件等色。

　　配色的任务在于按照标样的颜色、牢度选择染料，决定它们的用量，使加工产品符合标样的要求。要获得无条件等色，最简捷的办法是选用和标样相同的染料。如果使用的染料和标样所使用的不一样，那便要凭染色工作者使用染料的经验，选择适当的染料进行拼色，以获得具有和标样尽可能接近的光谱反射曲线的产品，将同色异谱现象减少到最低限度。在这过程中，需要进行多次反复的小样试染。

科技木——重组装饰材

60

电子计算机配色在工业自动化倡导下已渐趋普遍并受到重视，现已成为世界各国染整、塑料、油漆油墨、印刷、染料等工业生产的辅助设备，目前国内已有一百多家企业从国外引进了测配色系统，而且引进测配色系统的企业还在不断地增加，不久必将成为一种潮流。

1. 电子计算机配色系统的特性与功能

（1）可迅速提供合理的配方，降低试验成本，提高打样效率，减少不必要的人力浪费，能在极短时间内寻找到最经济且在不同光源下色差值最小的准确配方。一般使用时可降低 10%～30% 的色料成本。而且给出的配方选择性大，同时可以减少染料的库存量，节约了大量的资金。

（2）可对色变现象进行预测。配色系统可以列出产品在不同光源下颜色的变化程度，预先得知配方颜色的品质，减少对色的困扰。

（3）具有精确迅速的修色功能。能在极短的时间内计算出修正配方，并可累积大样生产颜色，统计出实验室小样与生产大样之间的差异系数，或大生产机台之间的差异系数，进而直接提供现场配方，提高对色率及产量。

（4）科学化的配方存档管理。将以往所有配过的颜色存入计算机硬盘中，不因人、事、地、物的变化而仍可将资料完全保留，当再度接订单时，可立刻取出使用。

（5）色料、助剂的检验分析。配色系统还可对色料、助剂进行检验分析，包括上染率、上染时间的测定，染料力份和色相分析、助剂效果的判定等。

（6）提高染液的再利用率。染色往往留下大量残浆，计算机可将其视为另一种染料参与配色，减少生产损失。

（7）数值化的品质管理。可进行各项牢度分析，漂白精练程度的评估，染料相容性，染缸残液检测等，并均可将其数值化，供进一步研究发展作参考。

（8）可连接其他设备形成网络系统。把测配色系统直接与自动称量系统连接，将称量误差减至最小，如再与小样染色仪相连，可提高打样的准确性，还可进行在线监测等，这样的网络系统可大大提高产品质量。

2. 电子计算机配色的三种方式

电子计算机配色大致分为色号归档检索、反射光谱匹配和三刺激值匹配三种方式。

色号归档检索就是把以往生产的品种按色度值分类编号，并将染料处方、工艺条件等汇编成文件后存入计算机内，需要时凭借输入标样的测色结果或直接输入代码而将色差小于某值的所有处方全部输出，具有可避免实样保存时的变褪色问题及检索更全面等优点，但对许多新的色泽往往只能提供近似的配方，遇到此种情况仍需凭经验调整。

对染色的单板最终决定其颜色的乃是反射光谱，因此使产品的反射光谱能匹配标样的反射光谱，就是最完善的配色，它又称无条件匹配。这种配色只有在染样与标样的颜色相同，被染色材料亦相同时才能办到，但这在实际生产中却不多。反射光谱一般采用的是 400～700 nm 波长范围，每隔 20 nm 取一个数据点。

电子计算机配色的第三种方式为三刺激值匹配，即所得配色结果在反射光谱上和标样并不相同，但因三刺激值相等，所以仍然可以得到等色。由于三刺激值须由一定的施照态和观察者色觉特点决定，因此所谓的三刺激值相等，事实上是有条件的。反之，如施照态和观察者两个条件中有一个与达到等色时的前提不符，那么等色即被破坏，从而出现色差，这也正是此种配色方式被称为条件等色配色的由来。电子计算机配色运算时大多数以 CIE 标准施照态 D_{65} 和 CIE 标准观察者为基础，所输出的处方是指能在两个条件下染得与标样相同色泽的处方。但为了把各处方在施照态改变后可能出现的色差预告出来，还同时提供 CIE 标准施照态 A、冷白荧光灯 CWF 或三基色荧光灯 TL–84 等条件下的色差数据，染色工作者可据此衡量每个处方的条件等色程度。

3. 电子计算机配色的实际步骤

（1）需要输入计算机的资料

电子计算机中的测色配色软件是基于目前的染色理论而设计出

的一种应用软件，软件中已包含了各种计算式和相关的数据，配色过程中只要将资料输入计算机内，就可以计算出染料溶液的处方，这些资料包括：预选染料并给予编号；染料的力份与价格；选择参与配方的染料及配方的染料数目；计算机配方色差容许范围；空白染色单板的反射率值；标准色样的分光反射率值；基础色样的染料浓度和分光反射率值。

（2）电脑配方的计算

运用计算机中已存的资料和需输入的资料可以计算配方浓度。一般一次很难确定样品的浓度，需重复依据标准计算样与计算配方样的三刺激值两者之间的色差，此色差必须在容许的色差范围内，这种解决方法要2～4次重复步骤，大多数计算机允许7～15次重复计算。调整配方浓度可计算新的反射率值和三刺激值，然后再与标准样的三刺激值比较，若还不够接近，再用重复方法继续进行，直到符合要求为止。实际生产操作中，在计算机初次算出染液的配方浓度后，为了方便操作通常采用朗伯-比耳定律进行配方浓度的调整，直到符合要求为止。

（3）打印出配方结果

一般计算机打印出的结果包括标准样名称、基质种类、染料编号、染料名称、不同配方组合、染料浓度、成本及在不同照明条件下的色差（色变指数）等。

（4）小样染色

电脑给出的配方有若干组，根据需要按照染料的成本、相容性、匀染性、各种牢度及条件等色的参考因素，选择一个理想的作为小样试染的处方，在化验室小样机内打小样，以确认能否实际达到与标样等色。由于计算机配色仅根据统一的计算模型进行计算，因此难免有不适应多变的实际情况，使得所预告的处方不能百分之百的一次准确，所以打小样是不能省的。

（5）配方修正

小样试验结果如色差不符合要求，就需要调整处方重新再染。把小样试染出的样品送到分光仪上进行测色，然后调用修正程序，

63

在输入试染的染料及其浓度后，计算机配色系统将立即输出修正后的浓度，按目前计算机配色系统的水平，一般只需修正一次即可，也有不少色样可能无须修正，或需要进行两次修正。

修正计算是一种重复步骤，因此修正数学表达式基本上与重复法相同。首先需要知道标准样的反射率资料及试染样的反射率，或三刺激值资料及试染配方的染料浓度，然后发展一套修正矩阵。根据标准样与试染样之间三刺激值的差来计算浓度的变化。

在某些情况使用原始配方的染料来修正是不可能的，标准样反射曲线与配方试样反射率曲线的差别可补充加入其他的染料，使两者的色差达到要求，而这个染料的加入量，全凭操作者的经验来定。

（6）校正后的新配方染色

用新配方染色后，其色样与标准色样是否在可接受的色差范围内，若是，则此新配方就是我们所要的染色配方，若不是则需要重新修正，直到取得合乎要求的染色配方为止。

第五节　单板漂白

单板漂白就是用有机溶剂或碱性溶剂将木材中的发色部分浸提出来或是用漂白剂去破坏木材发色成分中的羰基（$C=O$）及碳原子之间的二价结合，使其可吸收的光向短波方向移动，并减弱其吸收强度，从而使材色变浅。前者只能使木材的颜色在某种程度上变浅，而不能把木材中的发色部分全部浸提出来，效果不甚理想。后者用漂白剂漂白的效果优于前者，是木材漂白的研究重点。

一、木材的主要发色基团

木材所以呈现颜色是本身对波长 $400\sim700$ nm 的可见光反射的原因，由于木材中的木素和浸出物的分子中具有共轭双链结构，电子活动性大，所需激发能量小，吸收光波长，吸收光谱经紫外区移向可见光区，在可见光区产生吸收光峰的不饱和基团，从而呈现各种各样的颜色。木材中的发色基团主要有以下几种：

乙烯基　　　　　羰基　　　　　苯环　　　　　二芳环　　　　邻醌　　　对醌

另外一些官能团如 $-OH$、$-OR$、$-COOH$、$-NH_2$ 等，在加入某些化合物时，颜色加深，称之为助色基团。发色基团与助色基团以一定形式结合便使吸收光谱从紫外区延伸到可见光区，当光被木材吸收后，残留的光再反射到人的眼睛里作为颜色而呈现。由于不同的树种甚至同一树种中不同部位所含化学成分不同，结构特征有差异，致使不同树种有不同的颜色或同一树种的不同部位会产生色泽的差异。

木素化学结构单元中的松柏醛基由三个基本发色基团组成，因此，许多学者认为木素是使木材产生颜色的主要来源。同时，能吸收阳光和荧光的木材化学成分几乎都是抽提物，如单宁、树脂等，与木素部分有关，与纤维素和半纤维素无关。因此，木材颜色主要是由木素和抽提物成分决定的。木材单板漂白脱色即采用氧化法使木素侧链上的共轭双链断开，发色基团破坏，吸收光谱向紫外区转移，色泽变白或变浅；亦可采用还原法，使木材成分中的羰基、醛、酮基等还原，破坏发色基团，达到色泽变化的目的。

二、木材漂白剂

木材使用漂白剂脱色的方法有氧化法和还原法两种。漂白剂漂白的基本原理是将木材的发色基团或助色基团上的共轭双键断开，通过破坏、改性来达到改善材色的目的。当这些基团受到光（尤其是紫外光）或氧气作用时，共轭体系中的双键断裂产生自由基，从而发生光化降解，吸收光谱向紫外区转移，色泽变白或变浅，从而达到漂白的目的。木材常用的漂白剂可以分为氧化性和还原性两大类。

1. 氧化性漂白剂
氧化性漂白剂有五类，其包括的常用化学药剂如表 4-3 所列。

表 4-3　常用氧化性漂白剂

类　　型	化　学　名　称
氯及氯盐类	氯气、次氯酸钠（NaClO）、次氯酸钙（漂白粉）、次氯酸钾等
二氧化氯类	二氧化氯（ClO_2）、亚氯酸钠（$NaClO_2$）等
无机过氧化物	过氧化氢、过氧化钠、过硼酸钠、过碳酸钠
有机过氧化物	过氧化苯甲酰等
过酸、过酸盐类	过醋酸、过甲苯、过氧化甲乙酮等

　　氧化性漂白剂的有效氯及有效氧含量越大，其氧化能力越强，漂白能力也越强。非氯类化合物的有效氯是通过折合的方法求得的。表 4-4 列举了常用氧化性漂白剂的有效氯及有效氧的含量。

表 4-4　氧化性漂白剂的有效氯及有效氧含量

氧化性漂白剂	化学分子式	有效氯（%）	有效氧（%）
亚氯酸钠	$NaClO_2$	0.93	0.21
次亚氯酸钠	NaClO	1.57	0.35
二氧化氯	ClO_2	2.63	0.59
过氧化钠	Na_2O_2	0.91	0.20
过氧化氢	H_2O_2	0.29	0.47
高锰酸钾	$KMnO_4$	1.11	0.25

2. 还原性漂白剂

　　还原性漂白剂只能使发色物质分子上的发色基团改变结构而脱色。它的漂白是暂时性的，经长时间空气中的氧氧化后，又会恢复原来未漂白时的颜色，故又称之为表层漂白。常用还原性漂白剂如表 4-5 所列。

表 4-5　常用还原性漂白剂

类　　型	化　学　名　称
含氮类化合物	肼、氨基脲等

类　型	化　学　名　称
含硫类化合物	次亚硫酸钠、亚硫酸氢钠、二氧化硫、甲苯亚磺酸、甲硫氨酸、半胱氨酸等
硼氢化合物类	硼酸氢钠等
酸　类	甲酸、草酸、次亚磷酸、抗坏血酸等
其　他	雕白粉

3. 漂白剂的作用机理

（1）氧化性漂白剂

过氧化氢又称双氧水（H_2O_2），常用浓度为 $15\% \sim 35\%$。由于双氧水在酸性条件下较为稳定，所以商品用双氧水中都加入酸性物质作为稳定剂以便保存。而在碱性条件下，双氧水极易分解，受热或日光照射时分解得更快，分解放出氧气：

$$2H_2O_2 \longrightarrow 2H_2O + O_2 \uparrow$$

此外，双氧水是一种弱二元酸，在水溶液中可发生电离。

$$H_2O_2 \Longleftrightarrow H^+ + HO_2^- \qquad K_1 = 1.55 \times 10^{-12}$$
$$HO_2^- \longrightarrow H^+ + O_2^{2-} \qquad K_2 = 1.0 \times 10^{-25}$$

其中 HO_2^- 是不稳定的，能按下式分解：

$$HO_2^- = OH^- + [O]$$

反应中释放出的新生态氧有较强的氧化作用，使木材色素中发色体的共轭双键结构遭到破坏而失去颜色，从而达到漂白的目的。

双氧水的分解速率受三个因素的影响：一是溶液温度，提高溶液温度将使 H_2O_2 分解加速，[O] 溶度增加，漂白作用增强；二是催化剂（活化剂），主要有碱、重金属离子、酶类。加入碱性化合物，提高溶液 pH 值，电离出更多的 HO_2^-，可使双氧水加快分解。当 pH 值达 $11.5 \sim 13$ 时，H_2O_2 分解放热反应激烈，呈沸腾状，双氧水会很快完全分解而失效。漂白温度与时间的关系如表 4-6 所示。

表 4-6　漂白温度与时间的关系

温　度	40～60℃	90～100℃	120℃	120℃以上
时　间	10～4 h	2～1 h	50～30 min	30 min～几分钟

同时，因为 HO_2^- 本身也是一种亲核试剂，可按游离基反应过程引发释放出氧化活性点：

$$HO_2^- + H_2O_2 \longrightarrow HOO\cdot + HO\cdot + OH^-$$
$$HO\cdot + H_2O_2 \longrightarrow HOO\cdot + H_2O$$

当有金属离子（M）存在时，能使游离基反应加剧：

$$M^{2+} + H_2O_2 \longrightarrow M^{3+} + HO\cdot + OH^-$$

$HO\cdot$ 能进一步引发出 H_2O_2，而 M^{3+} 同时与 $HOO\cdot$ 反应，从而加速 H_2O_2 分解。

$$M^{3+} + HOO\cdot \longrightarrow H^+ + M^{2+} + 2[O]$$

三是稳定剂，它能减慢双氧水分解的速率。这类物质有硅酸盐、聚羧酸等的络合物盐类、聚磷酸和聚磷酸盐类以及它的复合物等。目前市场上常见氧漂稳定剂有 TANNEX CX。

TANNEX CX 氧漂稳定剂为高白度用氧漂稳定剂，提供了非常好的双氧水稳定性能及渗透性能，其特征如表 4-7 所示。

表 4-7　TANNEX CX 氧漂稳定剂的特征

项　目	特　征
外观	黄色液体
离子特性	阴离子
比重	0.99
溶液中的 pH 值	弱酸性
在硬水中的稳定性	能在浓度为 500 ppm 的 $CaCO_3$ 溶液中保持稳定
遇碱稳定性	在沸点能耐 6.5 g/L 的 100% NaOH 溶液
兼溶性	能和阴离子和非离子产品兼容
冷冻稳定性	TANNEX CX 能冷冻，解冻后能再次使用，性能不变

TANNEX CX 氧漂稳定剂的使用方法如下：

①溶解：易溶于冷、热水，可直接加入漂白浴。

②用量：非连续漂白：1～2 mg/L TANNEX CX

高温漂白：1.5～2.5 mg/L TANNEX CX

③应用举例：

一般漂白：1～2 mg/L TANNEX CX

2～4 mg/L NaOH 溶液 38°Be

2～6 mg/L 35% 双氧水（可根据实际）

漂白 30～60 min（温度 95～98℃），如必要热水洗 / 酸中和，酶脱氧。

高温漂白：1.5～2.5 mg/L TANNEX CX

3～5 mg/L NaOH 溶液 38°Be

4～6 mg/L 35% 双氧水（可根据实际）

漂白 15～45 min（温度 110～120℃），如必要热水洗 / 酸中和，酶脱氧等后处理。

次氯酸钠（NaClO）为另一种常用的氧化性漂白剂，通常为无色至微黄色的溶液，其脱色机理如下面的化学反应：

$$2NaClO + CO_2 + H_2O \longrightarrow Na_2CO_3 + 2HClO$$

HClO 活性大，在常温光照条件下，容易分解出氧：

$$2HClO \longrightarrow 2HCl + O_2\uparrow$$

故 HClO 氧化性强，它能破坏木素中的发色基团使木素氧化分解为低分子的产物被溶解而使木材脱色。

$NaClO_2$ 稍有不同，它在酸性条件下，有下面的反应：

$$5ClO_2^- + 2H^+ \longrightarrow 4ClO_2 + Cl^- + 2OH^-$$

$$3ClO_2^- \longrightarrow 2ClO_3^- + Cl^-$$

$$ClO_2^- \longrightarrow Cl^- + 2[O]$$

除了 ClO_2 分解的氧具强氧化漂白效应外，ClO_2 与 H^+ 反应得

到的 ClO_2 亦具漂白能力。

（2）还原性漂白剂

还原性漂白剂以亚硫酸类漂白剂较为重要。如次亚硫酸钠，化学式 $Na_2S_2O_4$，为白色粉末或粒状固体，有亚硫酸气的臭味；有吸湿性，与潮湿的空气接触则分解，因此贮存宜置于干燥处。次亚硫酸钠溶于水易产生氢，此氢使得纤维还原漂白。漂白后以稀硫酸处理，可除去残余的次亚硫酸钠。次亚硫酸钠的水溶液分解反应式如下：

$$Na_2S_2O_4 + H_2O \longrightarrow NaHSO_3 + NaHSO_2$$
$$NaHSO_3 + H_2O \longrightarrow NaHSO_4 + 2H$$
$$NaHSO_2 + 2H_2O \longrightarrow NaHSO_4 + 4H$$
$$\overline{Na_2S_2O_4 + 4H_2O \longrightarrow 2NaHSO_4 + 6H}$$

雕白粉，化学式为 $NaHSO_2 \cdot CH_2O \cdot 2H_2O$，学名称为次硫酸氢钠甲醛，雕白粉易受潮放热，并在 80℃时开始分解：

$$6NaHSO_2 \cdot CH_2O + 3H_2O \longrightarrow 4NaHSO_3 + 2HCOONa + 2H_2S + HCOOH + 3CH_3OH$$

其中 $NaHSO_3$ 和 H_2S 都有还原漂白作用。当雕白粉遇到更高温度时，可完全分解放出新生态氢，还原力最强，其反应式为：

$$NaHSO_2 \cdot CH_2O \longrightarrow NaHSO_2 + CH_2O$$
$$NaHSO_2 + H_2O \longrightarrow NaHSO_3 + 2[H]$$

采用上述这类还原性漂白剂，所漂产品的白度耐光性和耐久性较差，因此多数情况下都与氧化漂白结合起来使用，这样漂白后的产品不仅白度好，而且色泽耐久、不易泛黄。但因成本太高，一般不采用此方法。

4. 漂白剂的选用

常见漂白剂有四氢硼酸钠、肼、氨水（浓度为 28%）、草酸溶液（浓度为 7%）、醋酸、氢氧化钠（浓度为 50%）、过氧化氢、次氯酸钠及保险粉（低亚硫酸盐）等。其中，四氢硼酸钠（$NaBH_4$）或肼（NH_2NH_2）等还原性漂白剂能对木材成分中的羰基、醛基、酮基等还原，但其脱色能力不如氧化剂，而且价格比较贵，脱色后的产品耐光性和耐久性较差，工业生产实用性小。目前生产中常采用氧化性漂白剂，这类物质对木材不仅有漂白作用，而且还可以提高木材的抑制光变色能力。如过氧化氢（又称双氧水）和次氯酸钠，其漂白效果较好，成本较低。大量实验证明双氧水最适合于木材漂白，它的特点是处理后的木材漂白效果好、无毒，符合环保要求，且原料广泛，价格低廉，有利于推广。此外，漂白过程中，为了促进漂白剂的有效持续作用和提高漂白效果，常在漂白过程中添加漂白助剂，不同的漂白剂所使用的漂白助剂也不一样。因此正确选择出一种既经济又高效的漂白剂是木材漂白脱色工艺中的关键。

木材的漂白程度和效果与漂白剂浓度、pH 值、漂白时间、温度、树种、漂白作业次数和漂液的循环效果、浴比、漂白助剂等指标均有关系，选用漂白剂时均应加以考虑。特别指出，过度漂白会导致木材组分分解，降低木材强度，减弱木材光泽，因此，加适量的漂白稳定剂和严格控制漂白程度是很有必要的。

三、漂白工艺

漂白剂处理木材的方法主要有涂刷法（喷涂法）、浸渍法和加减压法等。涂刷法简单易行，费用低，但一般要求漂白液浓度较高，对作业人员的健康有些影响。又因木材自身变异性大，材色不均，且漂白剂渗透于材内的深度有限，故只适用于要求不太高的薄板及木材表面漂白。浸渍法漂白效果稳定，对作业人员不良影响小，一般适用于薄木、单板和板材的漂白。但木材漂白后易产生弯曲变形，同时需要干燥。处理费用高于涂刷处理。加减压法漂白效果良好，效率高，最适于大工厂及厚板材、难浸透材的漂白。但需要专用设备（特别像 $NaClO_2$ 类对金属腐蚀性强的漂白剂，对设备材料要求更高），费用高。目前我国大多数厂家采用浸渍法。

单板漂白工艺实例如下。

科技木生产厂为了进行大规模的生产作业，一般采用不锈钢材料制造的专用漂白设备对单板作漂白处理。该漂白设备可分为槽式、窑闭式和染色机共用等方式。可根据工厂实际情况选择不同的处理装置和漂白工艺。图 4-14 是具有循环式的过氧化氢漂白槽。

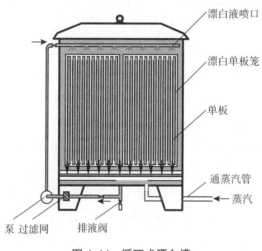

图 4-14　循环式漂白槽

1. 漂白配方（表 4-8）

表 4-8　漂白工艺配方

项目	配方数值
过氧化氢（35%）	10～20 mg/L
硅酸钠（水玻璃）42° B′e	1.5～3 g/L
稳定剂	1.5～2.5 g/L
螯合剂	0.7～1.5 g/L
氢氧化钠	1.5～2 g/L

注：浴比 1：10～20，pH 值 10～11。

硅酸钠（Na_2SiO_3）加水即分解生成胶体硅酸：

$$Na_2SiO_3 + 2H_2O \longrightarrow H_2SiO_3 + 2NaOH$$

胶体硅酸可以吸附铁离子而防止过氧化氢的分解。

2. 漂白工艺

升温至 60℃，添加漂白剂后，保温 3h，取样确认是否达到所需色泽，达到后，放到磷酸（0.5%～0.7%）中中和，中和后用清水冲洗。

漂白后的单板，略带黄色，如果要增加单板的白度，可使用蓝色剂或荧光增白剂作后期处理。荧光增白剂可以在一定时间内使漂白单板得到较高的白度而不损坏木材强度，但其日晒牢度不甚理想，若浓度超过某一限度时，反而无法获得充分的白度，此现象为浓度消光。荧光增白剂可分为直接型、阴离子型、阳离子型及分散型，根据需要选择使用。

（1）蓝色剂增白

漂白后将单板置于鲜艳的蓝色染料或颜料的稀溶液中 4～5 分钟。

（2）荧光增白剂增白

漂白后将单板置于增白剂中，使其吸收而增白。其配方如下：

荧光增白剂	0.1～1%	
无水硫酸钠	5～10%	在 35℃处理 30 分钟后，取出干燥
浴　　比	1：20	

3. 白度评价

白度是具有高反射率和低纯度（样品的颜色接近同一主波长光谱色的程度）的颜色群体的属性，这些颜色处于色空间大约 470～570 nm 主波长的狭长范围内，通常其亮度大于 70，兴奋纯度（同一主波长的光谱色被白光冲淡后具有的饱和度）小于 0.1。在这一范围内的白颜色也构成一组三维空间的色，尽管如此，大多数观察者仍然能够将分光反射率、纯度和主波长不同的白色样品，按知觉白度的差别而排列出先后顺序。

白度的评价方法有两种，一种是比色法，即把待测样品与标准样进行比较，以确定样品的白度。标准白度样卡（白度卡）通常分 12 档，前四档不加增白剂，后八档加增白剂。目前我国没有白度卡，有少数是从国外引进的，应用不甚普遍。另一种方法是用仪器测量，然后再用相应公式进行计算。

（1）由亨特（Hunter）Lab 系统建立起来的白度计算公式：

$$W(L,a,b)=100-\{(100-L)^2+K_1[(a-a_p)^2+(b-b_p)^2]\}^{1/2} \quad （4-13）$$

式中：L、a、b——样品在 Lab 系统中的明度指数和色度指数；

K_1——常数，原则上取 1；

a_p、b_p——理想白在 Lab 系统中的色度指数，原则上取如下数值：

不带荧光的样品：$a_p=0.00$ $b_p=0.00$

带有荧光的样品：$a_p=3.50$ $b_p=-15.87$

两种样品比较时：$a_p=3.50$ $b_p=-15.87$；

L、a、b 值可由 X、Y、Z 换算得到。

（2）二波长法。利用分光光度计测出青色、绿色光的折射率 B 与 G，利用公式 $W=4B-3G$ 计算。

（3）三刺激值法。利用 X、Y、Z 三刺激值，算出白度指数。

（4）白度仪法。用白度仪测得值越大，白度越高。

第六节　单板染色

从古埃及时代的木乃伊已穿上染色的衣着看来，可以知道染色的历史非常久远，当时的染料均为天然产品。英国化学家柏金（Perkin）在 1856 年最初将染料合成，奠定了合成染料的基础，其后，随着有机化学的发展，合成染料越来越发达。在 20 世纪五六十年代，随着木材加工技术的进步，染色技术开始广泛运用于木材加工中。

广义上讲，染料与颜料可合称为色素（dyes、dyestuff、colour）。狭义上讲，溶于水的色素称之为染料（dyestuff），不溶于水的色素称之为颜料（pigment）。

一、染料及染色方法

所谓色素，是指选择性地吸收可见光，而显出一定的颜色的物质。色素的分类如图 4-15。

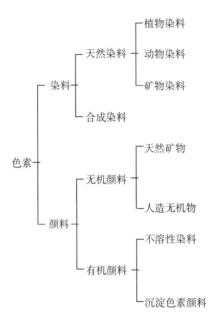

图 4-15　色素的分类

木材染色通常有染料染色、颜料涂色、化学药剂着色三类。颜料耐光性好，但它是细颗粒状，不能透入木材细胞内，只能用于表面染色并有覆盖木纹的缺点，所以单板染色不用它，但要显现年轮纹理时，可在胶中添加适当的颜料来调色。化学药剂染色是利用化学药品与木材中所含成分或预先浸入的化学成分反应显现颜色，这类方法因木材树种不同，成分差异，色泽深浅很难一致，尚不能适应科技术生产多品种色泽的需要，有待进一步开发。目前木材染色使用广泛的是染料染色。

1. 染料的分类

染料的种类很多，按来源可分为天然染料与合成染料。按染料性质可分为直接染料、酸性染料和碱性染料等染料，如表 4-9 所示。

染料的主要质量指标有强度、色光、坚牢度和外观。染料的强度是指染料的染色力，它是鉴定染料品质的最主要指标，是评定染料价值的主要因素。染料的色光是指染料在染物上呈现的色调和光彩，有近似、微、稍、较、显较五个等级。

表 4-9　主要染料的分类

染料名称	染料的主要特征
直接染料（direct dyestuff）	可以将纤维素在中性盐染浴中直接染色的阴离子染料
酸性染料（acid dyestuff）	在酸性或中性染浴中虽可将羊毛等物染色，但对纤维素几乎无着色性的阴离子染料
碱性染料（basic dyestuff）	可以将羊毛、蚕丝或单宁媒染过的棉染色的阴离子染料，也可用于阴离子性丙烯腈纤维的染色
媒染、酸性媒染染料（acid mordant dyestuff）	在染色之前或之后以金属盐处理染色的染料。化学构造上是与铬、铜形成错盐的染料
偶氮染料（azoic dyestuff）	以萘酚 AS 类为其成分，能在纤维上形成不溶于水的偶氮色素的染料
硫化染料（sulfide or sulfur dyestuff）	使用硫化钠还原染浴，可将纤维素染色的含硫染料
瓮染料（vat dyestuff）	可将纤维素在加碱及亚硫酸氢钠等还原浴中染色的染料
分散染料（disperse dyestuff）	为不溶性染料，分散于水中而将乙酸纤维酯，聚酯纤维，疏水性纤维等染色的染料
反应染料（reactive dyestuff）	与纤维起化学反应而固着于纤维上的染料
颜料树脂染料（pigment resin color）	以合成树脂将颜料固着在纤维上使之染色的着色材料
荧光增白剂（optical brightener）	在日光下放出荧光，使纤维感觉更白的染料
其他	氧化染料、油溶染料、食用色素等

2. 木材染料

木材染料有水溶性染料、油溶性、醇溶性等有机溶剂染料。木材的染料染色主要在原料处理阶段和装饰过程的底色处理阶段进行，一般应具备下列条件：

（1）耐光性好，在阳光照射下不褪色，坚牢性好；

（2）抗热性好，在高温不易褪色；

（3）化学稳定性好；

（4）透明度高，染色后能保持木材质感，不遮盖木纹；

（5）染色方法简单，操作简便；

（6）能均匀染色；

（7）染色后对干燥、涂饰、胶合等后处理工序没有不良的影响。

用于木材染色常用的着色剂见表4-10。

表4-10　木材染色常用着色剂

染料类别	品　种
酸性染料	酸性嫩黄G、酸性橙Ⅱ、酸性橙GX、帕拉丁黄GRN、酸性黄GGH、酸性红A、酸性大红GR、酸性品红6B、酸性梅红、酸性大红BG、酸性艳红BL、酸性大红BS、酸性红B、酸性大红3R、酸性橙G、酸性棕RL、酸性宝石蓝B、帕拉丁坚牢蓝GGN、酸性黑10B、酸性粒子元、酸性黑ATT
碱性染料	碱性品红、碱性绿、碱性棕G、碱性艳蓝B、碱性艳蓝R、碱性湖蓝BB、碱性艳蓝BO、碱性紫5BN、碱性玫瑰精B、碱性桃红、碱性金黄
混合染料（木材专用酸性染料）	雪松棕61250、雪松棕A1312N、特殊棕RH、坚果棕KDN、桃花心木棕R1312Video黑M
直接染料	直接湖蓝6B、直接大红4B、Kayakas绿GG、直接黑BN、直接黑RN
油溶染料	耐晒黄3G、沉积黄B、苏丹黄3G、耐晒橙G、沉积橙G、苏丹橙R、耐晒红5B、沉积红3G、耐晒棕RR、沉积棕5G、苏丹棕BB、联苯胺蓝、苏丹蓝、耐晒黑HB、沉积黑G
醇溶染料	耐晒黄G、黄GG、耐晒橙GE、橙RE、耐晒红3B、耐晒弼红B、醇溶红GR、耐晒紫RR、醇溶紫、甲基紫、耐晒绿肥3G、孔雀绿、亮绿、耐晒棕FFL、棕色BH、耐晒黑B、苯胺黑
活性染料	活性红X-3B、活性红X-7B、活性红X-8B、活性红K-2BP、活性红K-2G、活性黄棕K-GR、活性棕K-B2R
分散染料	分散红3B、分散大红SBWFL、分散黄棕HZR、分散黄RGFL、分散蓝HBGL
颜料	银硃、氧化铁红、红丹、甲苯胺红、立索尔红、荧光红、铬黄、铁黄、锶黄、镉黄、铁蓝、群青、钴蓝、酞菁蓝、铬绿、钴绿、锌白、钛白、锌钡白、铁黑、炭黑、群青紫、锰紫、甲基紫、苄基紫、颜料枣红
化学品	醋酸铁、硫酸铁、重铬酸钾、苏木精-重铬酸钾、儿茶-硫酸铁、氯化亚铁、过锰酸钾、单宁酸-石灰、石灰-硫酸铁、邻苯二酚酸-重铬酸钾

3. 木材染色方法

木材染色分表面染色和深度染色，前者以浸渍方式处理单板或木材，后者则是在材料表面以喷、刷、抹、淋等方式来完成。

（1）木材表面染色是指直接在家具和其他木制品表面进行涂饰，对染色深度要求不高，多采用喷涂、刷涂、淋涂等方式处理，常见工艺流程如下：

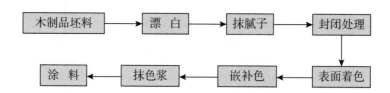

其中抹腻子是指用腻子填补染色材表面不平处，使木制品表面平整，所抹腻子的颜色应调至与木材颜色相符。表面染色是用酸性或碱性染料溶于水或填加填充剂制成色溶液刷于木制品表面。嵌补色是用同色调、低浓度的染色液或腻子对染色材缺陷部分进行修补。抹色浆是将含有色料和填料的水性或油性高分子糊状物抹于木制品表面。色浆有染料和颜料色浆，若为染料色浆，其染料组分应与着色段的染料一致，但颜色要深一些，色浆里还应含有填料和助剂。另外，近几年在家具表面着色方法中使用的树脂色浆，涂刷一遍即可以完成上色、嵌补腻子和上底漆工序，再在其上面涂饰面漆，木纹清晰、鲜艳、富有立体感，耐光耐热，附着力强，并且可一次配用多次使用。

（2）木材深度染色是指木材内部染色。需用化学药品或染料以液体的形式浸透到木材内部，有扩散法、减压注入法和减加压注入法三种染色方法。

木材深度染色多采用水溶性染料，染料溶液中的染料分子能否向木材内部渗透，主要由木材的微细结构、染料分子的大小、染料分子和木材相互的作用等三个因素所决定。

由于木材是多孔性材料，其中的导管、胞间道、细胞腔、纹孔等都是液体的通道，一般木材中液体通道的体积占木材体积的25%～80%，而染料分子又远比这些通道的直径小，但即使这样染料分子也不是都能渗透到木材内部去的。这是因为木材对某些染料的吸附是有选择性的，当发生激烈的选择吸附时，染料只使木材表面染色，在木材内部只有水和溶剂进入。为了使木材内部染色，应选择那种产生选择吸附少的染料，或添加适量的助剂，促进染料分子的渗透。例如酸性染料染单板时，染料分子结合对象是木材成分的木质素，只需使用少量助剂作为浸透促进剂的表面活性剂，使染料分子进入细胞内部前不会有强的吸附，从而促进了染料分子的渗透。

木材深度染色通常包括实木染色、铅笔杆染色和单板（或薄木）染色。

实木染色是指对方材或板材进行的染色处理。所染方材或板材长度长，厚度大，靠常规的渗透很难将木材内部均匀染色或不易染透，需在加温条件下采用真空—加压浸渍。专用染色设备配置了真空加压染色处理系统。

铅笔杆染色是将木材锯成 5 mm 厚度的板材，交叉层层移入高压釜内，再将溶解好的染料溶液加入高压釜内，并调节好温度和压力，染色一段时间后取出，再经干燥烘干即可。

单板（或薄木）染色是用浸渍法（即扩散法）对旋切或刨切单板（或薄木）均匀染色，单板（或薄木）厚度一般为 0.2～2.0 mm。

铅笔杆染色与实木染色本节不作详细介绍，下面重点介绍单板的染色处理过程。

二、单板染色理论

1. 单板染色过程

将单板置于染浴（染料水溶液）中，则染浴中的染料向纤维表面转移，并渗入纤维内部，经过一段时间后，染浴中的染料减少，纤维中的染料增加，到某一定时间后，染浴中的染料不再减少，即达到平衡状态。这时，将单板取出并干燥，染料便停留在木材上，即使遇到水或进入油漆加工，染料也不容易脱除。如此，染浴中的染料转移并滞留在单板上的现象，称之为单板染色。

木材单板染色中，染料渗透过程分为以下三个阶段：染料向纤

维表面的扩散阶段；纤维表面对染料的吸附阶段；纤维表面吸附的
分子向木材内部的扩散和渗透阶段。

　　第一阶段染料在水溶液中的扩散，比第三阶段向木材纤维内部
扩散要快；第二阶段的吸附通常比第一和第三阶段快得多，故可视
为瞬间性现象。第三阶段的速度最慢，当此阶段吸释达到平衡后，
染色工作才算结束，故染色速度是由染料向木材纤维内部扩散速度
所决定的，如图 4-16 所示。

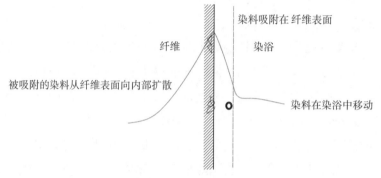

图 4-16　染色的三阶段

染料被木材纤维吸收的反应，可以表示如下：

$$D \quad + \quad F \underset{\text{脱除}}{\overset{\text{吸收}}{\rightleftharpoons}} DF$$

染料　　　　纤维　　　　染色单板

　　当染色进行到饱和状态，即不再发生染料的吸收和脱除状态
时，称之为染色平衡。在一定温度下的染色平衡状态，染料 D 分
配在木材纤维 F 与染浴 S 二相时，木材纤维相的染料浓度（$[D]_F$）
与染浴相的染料浓度（$[D]_S$）间有一定的关系式存在，此关系式称
之为吸收等温式；其关系曲线，称之为吸收等温线。

　　染色的吸收等温线，因染料、木材种类的不同，其形态各异，
以酸性染料染色白梧桐单板为例，其吸收等温线如图 4-17 所示。

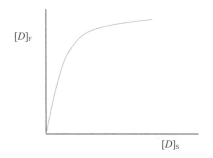

图4-17　吸收等温线

染色平衡与温度之间的关系，可以以染色曲线（染色量及时间曲线）表示，见图4-18。一般情况而言，随温度的升高，初期的染色速度加快，到达染色平衡后，染色吸收量基本不变。在低温下要达到染色平衡，需要很长时间。实际操作中，最适宜的温度与染色时间的配合决定了染色平衡。

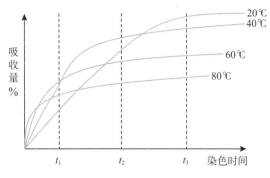

图4-18　染色曲线

2. 影响单板染色的因素

染色速度常被染料在纤维中扩散的速度所控制，其受温度的影响极大。温度上升，可以使染料分子的运动能力增大，因而增加其侵入纤维内部所必需的超越纤维表面的能力，即活化能，其扩散的速度也随之增大。如图4-19所示，一般而言，升高温度将会降低平衡吸收率，但可以加速抵达平衡所需的时间。

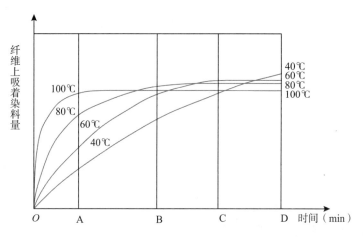

图 4-19　染色温度对染色速度及平衡的影响

　　染色速度还受木材显微构造，染料分子大小和结构，被染木材的软化、漂白等预处理情形，染料和木素作用的情况，染液中的盐类、界面活化剂、水质状况，染液循环效果、浴比、染液 pH 值等诸多因素的影响。

　　染色的效果与染液的组成、浓度、浴比、沸染的时间有关。一般染液中加匀染剂，染色后单板不同部位色泽差异较少，染色均匀。染液的浓度大，染的颜色深，但随着浓度的增大，染色的时间也应相应增加，否则深层不易染上颜色。如果染料的亲和力大，浓度高，加入适量的电解质将会提高染料被纤维吸收的速度，有利于染色过程向正方向进行。染液浓度一般为 0.5%～5%。浴比是单板的容积与染液容积之比。为了保证染色均匀，一般浴比应 > 1∶10。浴比太小，易引起染色不均；浴比太大，染料消耗增多。沸染时间与单板长度有关，因为染液基本上是沿纤维方向渗入木材内部的，而横纤维方向几乎没有渗透。一般 0.8 mm 厚的单板在沸染状态染色时间为 3 h，若单板薄，短时间即可。

　　木材染色效果除受染液组成及染色工艺参数的影响外，还与被染单板的含水率、树种、木材的化学成分和组织构造以及染色温度等密切相关。

（1）含水率

木材的含水率影响到染色的均匀性和染料的浸渍量。经过干燥处理后的单板，木材空隙增加，减少了染液浸入的阻力，有助于染料的注入。一般含水率偏高，如含水率在30%时，染色单板有色斑不均匀等现象出现；但含水率过低，纤维素大分子的氢键数量增多，木材对染料分子吸附力增强，染透性降低。理想的木材含水率是10%～15%。

（2）木材树种及其组织结构

针阔叶材的密度和纹理均存在较大差异，染色效果也存在明显差异。一般针叶材密度小，染色时间短，染色均匀。阔叶材密度大，早晚材结构差异大，染液在晚材部分渗透困难，染色时间长，染色易出现不均匀及效果差的现象。因此，树种不同即使是同一种染料，由于针阔叶材的渗透性的差异，染色效果大不相同。

（3）木材组分

由于木材中纤维素、半纤维素和木素的活性基不同，染色时对染料的上染性也不同。直接染料适于纤维素染色而不能染木素。酸性染料适于木素的染色而不能染纤维素和半纤维素，若将纤维素经2，3-环氧丙基三甲基铵盐酸处理，酸性染料对其染色性显著改善。碱性染料除对纤维素的染色力较弱外，对其他木材组分染色均好，见表4-11。

表4-11 木材组分的染色性

染　　料	纤维素	半纤维素	木素
直接湖蓝	＋＋	＋	－
Suminol 坚牢蓝	－	－	＋＋
碱性湖蓝 BB	＋	＋＋	＋＋

注：＋＋表示染色强；＋表示染色弱；－表示不染色。

（4）温度

同一树种在同种染液中，若温度不同，同一染色时间的染色效果不同。如白梧桐单板在 90℃的酸性染液中浸染 2 小时的染色效果，在 50℃时需 24 小时以上。因此染料在一定的温度范围内，温度越高，染色效果越好。但温度过高反而降低染料的渗透性，影响染色效果。如在酸性介质中，太高的温度引起木材组分水解，影响木材的强度以及后序加工质量。染液温度应根据木材树种、材料厚度、染料品种和产品的用途综合而定。通常酸性染料染色适宜温度为 90℃，碱性染料为 60～70℃，中性染料为 40～55℃。

（5）染料的调色

若因特殊要求需使用两种或两种以上异类染料调色处理时，须经不同的染缸先后处理，一般处理原则是先酸性染料后碱性染料、先直接染料后碱性染料，酸性和直接染料可同时使用，先酸性和直接染料后碱性染料。

三、单板染色工艺

1. 染色方法

单板染色的方法有扩散法、减压注入法、减压加压注入法。

扩散法是将单板插入单板笼，互相不重叠地浸入染液中，煮沸数小时，靠热扩散使染料分子扩散到单板中去的染色方法。单板浸入染液时被加热，产生膨胀，各种通道扩大，尤其是一些原来染料分子通过有困难的纹孔膜上的小孔等也受热膨胀扩大，减少染液流通的阻力。另外，染料分子在加热的情况下，分散、质点小，易于通过木材中的通道。扩散法最简单，木材单板染色通常采用扩散法。

减压注入法是先用 5 mmHg 的真空度抽去单板中的水分及空气后再浸入染液染色的方法。减压加压注入法是先抽去单板中的水分和空气，然后再用（5～6）×10^5 Pa 的压力将染液注入单板的方法，这两种方法比扩散法效果好，但需专用设备，一般不常用。

2. 染色设备

染色机是用于对被染物进行染色的设备。单板染色工艺有扩散法、减压注入法和减加压注入法三种，其相应的染色机有常压染色机、真空染色机和高压染色机。真空染色机和高压染色机主要用于对较厚的木材进行化学改性及染色，设备结构复杂，价格高，很少被科技木加工企业采用。常压染色机俗称染缸，该染色机结构简单，操作方便，适用于单板和薄木的染色，是科技木加工企业普遍使用的一种染色设备。

常压染色机主要是由染槽、加料系统、加热系统、循环系统、空气辅助系统和吊笼组成。

（1）染槽

染槽为矩形缸体，由不锈钢制造，外加保温层及不锈钢（或铝合金）护层，经久耐用，升温快，保温效果好。缸体内容积一般为 $0.3 \sim 20 \ m^3$，壁厚可根据所染单板树种和染色程度任意设定，常用厚度范围为 $2 \sim 6 \ mm$。缸内装有加热管、进水管和出水管。

（2）加料系统

为了使染料在进入染槽前就已充分溶解，通常在染槽外面设置加料系统。加料系统是由液阀、加料桶、加料泵和循环管道构成，其作用原理是通过液阀、加料桶、循环泵和循环管道这个循环系统中的染液流动，促使染料溶解，溶解后的染液再通过循环泵加入染槽中。染液加完后，可再在加料桶内注入适量清水，以使染料完全进入染槽。

（3）加热系统

加热分直接加热和间接加热，直接加热由一根蒸汽管将蒸汽直接通入染液中，加热速度快；间接加热由一组盘形管置于染槽底部，间接加热染液，加热均匀。目前单板（或薄木）染色均采用间接加热。加热温度采用温控电磁阀控制蒸汽阀门的开关来调节。整个加热系统可由微电脑控制，铂电阻测温。控温执行元件采用日本 SMC 电磁阀，蒸汽流量大，动作灵敏度高。

（4）循环系统

染液的循环系统由循环泵、循环管道和滤网组成，均为不锈钢制造。循环方式有单循环和双循环。单循环方式是单循环泵单向循环，循环量小；双循环方式是采用双循环泵交叉循环，循环量大，染色均匀，已被广泛使用。

循环系统的作用是促进染液流动，增加染料分子的扩散速度，缩短染色时间，使单板染色均匀。循环的流量根据需要，通过交流变频调速装置任意调节。循环管道进口处的滤网过滤装置，可滤除木屑等杂物。

（5）空气辅助系统

空气辅助系统是指设置在染色机槽体底部的压缩空气喷射管。其作用是使染液在单板间的流动畅通，增加单板（或薄木）染色的均匀性。气流速度可通过阀门，根据单板（或薄木）的厚度及染色程度的要求来控制。

（6）吊笼

吊笼是不锈钢制作的多层框架结构，各层间的活动隔网便于装载单板。同时吊笼设置了特殊的装夹装置，防止染色过程中，单板（或薄木）蹿动重叠，有效地保证单板与液流接触。吊笼的内容积一般为 $0.1 \sim 11\ \mathrm{m}^3$。

图 4-20 是常压染色机及吊笼的结构示意图。图 4-21 为某企业染色车间。

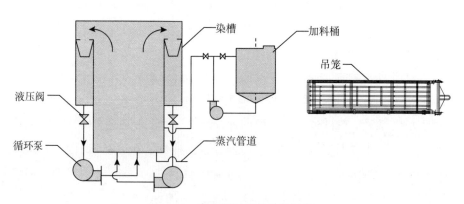

图 4-20　染色机及吊笼结构示意

染液调配前，准确称量染料和计量助剂是保证染液浓度符合配方要求的重要条件。采用传统的台秤（或电子秤）称量染料和助剂时，不易操作，控制不准确。现在国内已设计出一种全自动称量系统用于粉状染料的称量和液状助剂的计量。该系统操作简便，称量迅速、准确，计量精度高，可以与染色机加料系统的自动控制程序形成一体化的控制，减少由于称量错误给生产带来的损失。

图 4-21 某企业染色车间

3. 染色用水

染色工业常耗用大量的水，且要求水质较好，水源首选是地下水，其次是自来水、地表水及回收水。由于地下水资源有限，采用自来水不纯物含量较少，但作为染色用水则较不经济，故设法将地表水和回收水经过处理用于染色工艺可增加水的经济效益和节约水资源。

天然水中，Ca^{2+}、Mg^{2+} 等以碳酸氢盐、碳酸盐、硫酸盐、氯化物等形式溶于水。含这些盐类较多的水称为硬水（hard water），含量较少的称为软水（soft water）。含有碳酸氢盐的硬水称为暂时硬水（temporary soft water），此类硬水仅加沸即可变成软水。

$$Ca(HCO_3)_2 \xrightarrow{\text{煮沸}} CaCO_3\downarrow + H_2O + CO_2\uparrow$$

碳酸氢钙溶于水　　　　　　碳酸钙沉淀

含有硫酸盐或氯化物的硬水，称为永久硬水，采用煮沸的方法

87

无法将之变软，必须采用软化法减少水中硬度的成分。

在染色工艺中，水中的 Ca^{2+}、Mg^{2+} 等盐类，固体及有机物等易与染液中的成分发生反应，产生不溶性沉淀，既影响单板的染色效果，又浪费染料。为了获得适于染色用的水，必须事先试验水质，并除去悬浮于水中的不纯物，然后采用软化方法减少上述不利的金属盐类。目前，硬水的软化方法主要有以下几种：

（1）离子交换树脂法

这是一种利用离子交换的合成树脂，使水软化的方法，如表4-12所示有多种方法。其中，将水中的金属离子以钠离子交换的方法最为普遍，反应式如下：

$$R(—SO_3Na) + \frac{1}{2}Ca^{2+} \longrightarrow R(—SO_3\frac{Ca}{2}) + Na^+$$

离子交换树脂　　　　　硬度成分　　　　　　软化水

表4-12　离子交换树脂法种类

处理方法		特点
硬水软化	原水 → [Na] → 软水	以食盐再生及以海水再生等方式
脱碱软化	原水 → [H] NaOH → 脱碱软水	处理水的PH及带动氢氧化钠的添加
脱碱软化	原水 → [H] [Na] [D] → 脱碱软水	连动混合水的PH或导电率，以调节H塔及Na塔的流量比
	原水 → [H] [D] [Na] → 脱碱软水	不必调节H塔及Na塔的流量
脱碱软化	原水 → [Cl] [Na] → 脱碱软水	处理水即为稀薄食盐水。Cl塔及Na塔的流量比不必调节

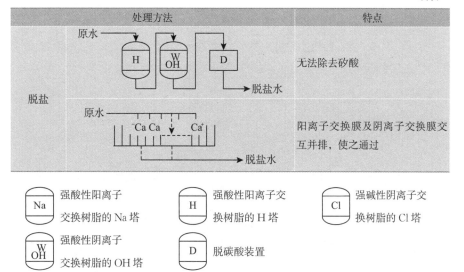

处理方法	特点
脱盐	无法除去矽酸
	阳离子交换膜及阴离子交换膜交互并排，使之通过

| Na | 强酸性阳离子交换树脂的 Na 塔 | H | 强酸性阳离子交换树脂的 H 塔 | Cl | 强碱性阴离子交换树脂的 Cl 塔 |

| W OH | 强酸性阴离子交换树脂的 OH 塔 | D | 脱碳酸装置 |

使用一段时间后，由于取代机能减低，必须以 10% 的食盐溶液冲洗，使其机能回复，反应式如下：

$$Ca—\square+NaCl \longrightarrow Na_2—\square+Ca^{2+}$$

锅炉用水要依据水种类的不同，而采用不同的水软化方法。

（2）金属离子封锁法

这种方法将金属离子（Ca^{2+}、Mg^{2+}、Pb^{2+}、Cu^{2+} 等）与可溶性的配价化合物反应的药品（例如六偏磷酸钠、乙二胺四乙酸等），添加于硬水中使之软化。这些配价化合物就是溶于水也不会离子化，所以不与肥皂或染料发生作用，反应式如下：

$$Na_2（Na_4P_6O_{18}）+2Ca^{2+} \longrightarrow Na_2Ca_2P_6O_{18}+4Na^+$$

六偏磷酸钠 　　　　　　　　置换体（以错盐方式溶解）

（3）铁及锰的处理方法

大部分的 Fe^{2+}、Mn^{2+} 以碳酸氢盐的形式溶于水中，大多与大量的氧化矽或有机物共存。通常，Fe^{2+} 被空气或氯所氧化，成为沉淀物而被除去，Mn^{2+} 则以过滤剂为触媒，进行接触氧化，如图 4-22 所示。此外也可用离子交换树脂法除去。

89

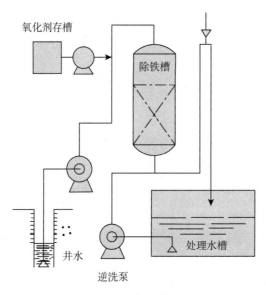

图 4-22 除铁、除锰流程

4. 染料的选择

木材的染色大部分使用染料，染料的种类很多，而专门为木材染色用的品种却很少。目前，木材染色常用的水溶性染料有直接染料、酸性染料、碱性染料、活性染料、瓮染料等。

染料的选择应从染料的染色机理、耐光性、上染工艺、染料价格、环保等多方面加以考虑。直接染料能直接作用于木材，依靠分子间的氢键和范德华力与木纤维素结合；酸性染料是在酸性或中性介质中染色，依靠氢键、范德华力、离子键与木纤维素结合，其渗透性、耐光性和化学稳定性好，与木素结合力强，与纤维素和半纤维素作用力弱，是木材深度染色首选的染料；碱性染料染色能力较强，日晒及化学稳定性差，不能直接与纤维素结合，但由于木材上含有单宁，单宁本身就是一种媒染剂，遇碱性染料则单宁中的羧基与染料中的氨基生成不溶性沉淀而固着于纤维上。酸性染料有以下基本特征：

（1）酸性染料一般易溶于水。这主要是因为染料本身为磺酸或羟基酸的钠盐的缘故。当染料溶解于水时，染料即成胶体质点，所

90

以染料的分子量不会太大，即使染液的浓度较高时，其液体仍呈透明。酸性染料在水溶液中依下式电解，因其电解度非常大，故其水溶液呈中性。

$$D-SO_3Na \rightleftharpoons D-SO_3^- + Na^+$$

染料　　　　　　　　染料阴离子　　成对阳离子

若使染料水溶液变成酸性，则会降低染料的溶解度，同时一部分染料可能会变色。

（2）酸性染料易与含有阳离子性成分的木纤维以离子键结合，故容易进行染色。除了有离子键结合之外，还可以与氢键结合。

（3）酸性染料色谱齐全，色泽鲜艳，价格相对便宜，染色方法简便。

（4）酸性染料不需要任何染化药剂就能直接对木材进行染色，且连染性好，染色效果均匀一致，透明性好，保留良好的木质纹理感，能进行深度染色且染后的单板对后续工艺无不良影响。但需要特别指出，并非所有酸性染料均适合于木材染色，特别是深度染色。

（5）酸性染料日晒、水洗牢度较差，但可以通过固色等后期处理来提高日晒牢度。

由于酸性染料渗透性、耐光性和化学稳定性好，染色后色泽鲜艳，染色方法及工艺也较简便，废液污染性小，价格较便宜，所以多用于单板染色。常用的酸性染料如表4-13所示。

表4-13　常用的酸性染料

名称	主要特征
酸性嫩黄 G	又名酸性淡黄 G，黄色粉末，易溶于水、丙酮、醇等溶剂
酸性橙 II	又名酸性金黄 II，金黄色粉末，溶于水时呈橘红光黄色溶液
酸性红 G	又名酸性大红 G，红色粉末，溶于水中呈大红色溶液
酸性红 B	又名酸性枣红 B，暗红色粉末，溶于水呈蓝光红色溶液
酸性黑 10B	黑褐色粉末，溶于水呈蓝黑色溶液
酸性红 6B	又名酸性品红 6B，酸性红 E6B，深红色粉末，溶于水呈蓝光红色，微溶于乙醇、丙醇等有机溶剂
弱酸性绿 GS	又名酸性媒介绿 GS，绿色粉末，溶于水呈蓝色溶液

实际生产中，单板染色根据染料在木材内部的浸透程度，染色效果以及染料抗热性能、抗化学性能和抗紫外线性能等，多选用德国 BAYER、英国 ICI 公司生产的木材专用酸性染料。另外，一些企业（如意大利的 ALPI 公司）也曾开发还原性染料、瓷染料用于木材染色，虽然日晒牢度极佳，但因操作工艺复杂，生产成本高而未被广泛运用。

5. 染料的比例常数和浓度计算公式

染料品种很多，同一型号的染料也会因为产地、批号、原材料等因素的影响而有所不同，即使是同一产地，同一批号的产品之间也会存在染料力份的差异，为了准确计算混合染液中红、黄、蓝染料成分的各自含量，必须对每一批次的染料浓度进行分析得出染料比例常数，并推算出浓度计算公式，图 4-23 为正在进行染料混合加温溶解浓度分析。

根据朗伯-比耳定律，要分析染料或颜色时，建议先获得目标成分的纯净样品和干扰成分的纯净样品。其具体浓度是相对应的，但这些浓缩的样品在需要检测时，试液的吸光度以控制在 0.2～0.7 为佳（在此范围内测定误差较小）。

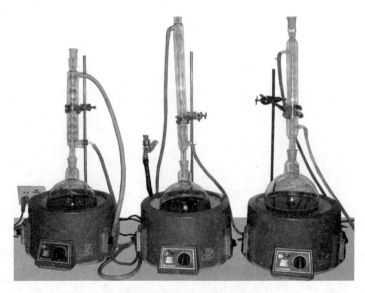

图 4-23　染料加温溶解浓度分析

分析混合溶液 A 的目标成分 B 中是否含有干扰成分 C。第一步要获得目标成分的标准光谱，确定最大吸光度时的波长（峰值确定），然后再确定干扰成分的标准光谱。用先前获得的波长（峰值），在分光光度计上用分光测定模式确定目标成分和干扰成分的值。

下面，以 Bayer 公司生产的黄、红、蓝染料（Nylosan Yellow、Nylosan Red、Nylosan Blue）的分析为例说明染料比例常数的确定和浓度计算公式的推算过程。

（1）标准浓度染液的配制

①用分析天平称量红、黄、蓝染料各 1 g；

②移入 2 L 的烧瓶中；

③加入约 650 ml 蒸馏水或软水；

④加冷凝管，保证水流稳定；

⑤加热至沸腾；

⑥回流 2 h 后冷却；

⑦将溶液移至 1 L 容量瓶中，以水稀释至刻度。

（2）染料峰值和波长的确定

①为更好地测定峰值和染液的吸光度，将标准浓度染液稀释至 0.02 mg/L，用移液管准确量取 5 ml 至 250 ml 容量瓶中，稀释至刻度。（注：本稀释方法的稀释系数 0.02，适合于大多数分光光度计和染料。）

②在分光光度计上开始初始检查。

③将分光光度计调整到光谱模式下，调整必要的参数。

④测试槽中放入清洁蒸馏水或软水，放入样品槽和参比槽内，并使基线平稳。

⑤移开样品槽，取标准染液，放到样品槽中，用分光光度计扫描样品。

⑥测得峰值和对应波长，见图 4-24～26。

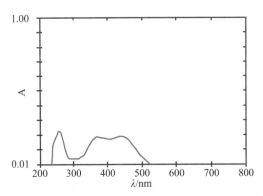

图 4-24　黄色染料光谱示意图及峰值测定结果

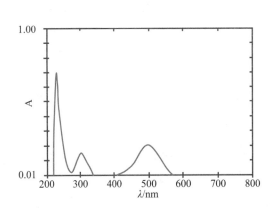

图 4-25　红色染料光谱示意图及峰值测定结果

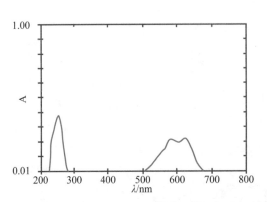

图 4-26　蓝色染料光谱示意图及峰值测定结果

（3）染料比例常数的确定

确定了染料的光谱后，调整分光光度计到光度计模式。由此可以确定黄、红、蓝染料的最大吸收波长分别为$\lambda_\text{y}=437\,\text{nm}$、$\lambda_\text{R}=502\,\text{nm}$、$\lambda_\text{B}=629\,\text{nm}$，其对应的吸光度分别为$A_\text{Y}=0.207$、$A_\text{R}=0.207$和$A_\text{B}=0.227$，如图4-27所示。

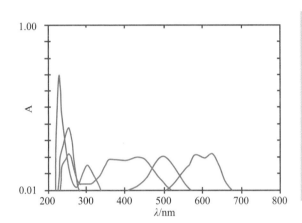

NO.	ABS	K*ABS
1	0.207	437 nm
2	0.054	502 nm
3	−0.012	629 nm
4	0.043	0.0000
5	0.207	0.0000
6	−0.016	0.0000
7	−0.034	0.0000
8	0.012	0.0000
9	0.227	0.0000

图4-27　红、黄、蓝色染料光谱示意图及峰值测定结果

根据朗伯-比耳定律$A=Kc$得：

$$K_\text{Y437}=A_\text{Y437}/c_\text{Y}=0.207/0.02=10.35$$
$$K_\text{Y502}=A_\text{Y502}/c_\text{Y}=0.043/0.02=2.15$$
$$K_\text{Y629}=A_\text{Y629}/c_\text{Y}=-0.034/0.02=-1.7$$
$$K_\text{R437}=A_\text{R437}/c_\text{R}=0.054/0.02=2.7$$
$$K_\text{R502}=A_\text{R502}/c_\text{R}=0.207/0.02=10.35$$
$$K_\text{R629}=A_\text{R629}/c_\text{R}=0.012/0.02=0.6$$
$$K_\text{B437}=A_\text{B437}/c_\text{B}=-0.012/0.02=-0.6$$
$$K_\text{B502}=A_\text{B502}/c_\text{B}=0.016/0.02=0.8$$
$$K_\text{B629}=A_\text{B629}/c_\text{B}=0.227/0.02=11.35$$

由$A_\text{总}=A_1+A_2+A_3+\cdots$可知：

$$A_{437}=A_\text{Y437}+A_\text{R437}+A_\text{B437}$$
$$=K_\text{Y437}c_\text{Y}+K_\text{R437}c_\text{R}+K_\text{B437}c_\text{B}$$

$$A_{502} = A_{Y502} + A_{R502} + A_{B502}$$
$$= K_{Y502}c_Y + K_{R502}c_R + K_{B502}c_B$$
$$A_{629} = A_{Y629} + A_{R629} + A_{B629}$$
$$= K_{Y629}c_Y + K_{R629}c_R + K_{B629}c_B$$

通过消元法得：

$$c_Y = 257.04A_{437} - 50.21A_{502} + 41.40A_{629}$$
$$c_R = 253.74A_{437} - 23.57A_{502} + 67.57A_{629}$$
$$c_B = 8.89A_{437} + 15.32A_{502} + 222.23A_{629}$$

上式即为既定黄、红、蓝染料混合溶液各自含量的计算公式。将一定浓度的混合染料溶液通过分光光度计获取 A_{437}、A_{502}、A_{629} 数值后，代入上式中，即可分别计算出混合染料溶液中黄、红、蓝染料的浓度，实现精确染色的再现性和连染性。

6. 染色实例

（1）染色配方（如表 4-14）

表 4-14　染色配方

项目	配方数值
酸性黄（Nylosan Yellow NRL）	1.4 g/L
酸性红（Nylosan Red NRL）	0.3 g/L
酸性蓝（Nylosan Blue NRL）	0.04 g/L
螯合剂	0.03%~0.06%
醋酸	调 pH 值 5~8

注：浴比 1：10~20，pH 值 5~8。

（2）染色工艺

升温至 98℃，添加染料溶解 30~60 min，分析染料浓度，保温 1~6 h（根据所染木材的厚度及材质、工艺要求而定），取样确认色泽是否准确后出缸。

另外，染色后的单板可不用水洗，用干燥机干燥。每一次染色后，在染液中追加染料，可连续使用。

（3）染色效果（图4-28）

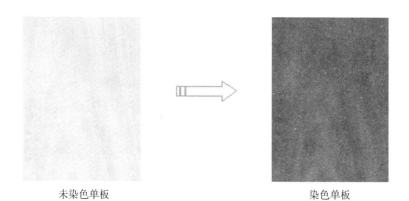

未染色单板　　　　　　　　　　　　　　染色单板

图4-28　单板染色效果

四、废水处理

科技木生产工厂排放的废水中，主要含有漂白与染色工艺的残液，清洗设备的残胶水，以及各工程排出的砂土、尘埃、油脂、纤维屑等物质，且水温较高。若直接排放，会污染公共水域的水质，影响附近居民的生活，甚至引起种种社会问题。为了防止这些公害，国家制定了《污水综合排放标准》（GB8978-1996），对废水指标制定了最小限度基准。

1. 废水水质及排放标准

木材染色和漂白的废水，虽因作业内容或作业时间而略有变动，其主要内容及排放标准如表4-15。

表4-15　污水综合排放标准 (GB8978-1996)

项　　目	pH值	COD_{cr}（mg/L）	SS（mg/L）	BOD_5（mg/L）	色度
一级标准	6~9	≤100	≤70	≤20	≤50
二级标准	6~9	≤150	≤150	≤30	≤80

2. 废水处理工艺的选择

木材染色厂常用的处理方法有凝集沉淀法、上浮分离法、活性炭法及活性污泥法等。无论采用那一种方法，若单用一种处理法，均无

97

法完全净化废水，因为废水中的成分复杂多变，因此最好结合几种方法，借以弥补各种方法的缺点。工艺的选择除考虑处理效果好外，还应考虑技术的先进性、操作管理的简易性、运行的稳定可靠性等特点。

3. 废水处理的工艺流程

木材染色、漂白处理后的废水主要由高固体含量的染料、助剂、单宁、木质素及木酸等成分组成，不同种类的染料、不同的配方组成及其他因素决定了废水水质存在一定波动性和多样性，所产生的废水实现全净化，一般需采用多种处理方法相结合的方式进行处理。以维德集团公司废水处理工艺流程为例，见图4-29。

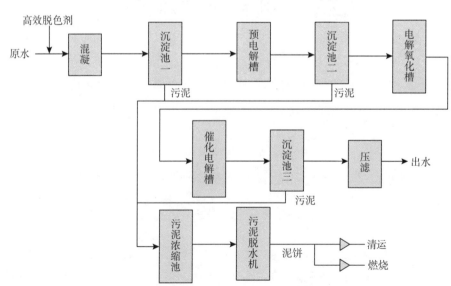

图4-29 废水处理设施及工艺流程

本工艺先采用由原水与高效脱色剂混合进行化学混凝，通过脱色剂与染料中活性基团及羧基、磺酸基等阴离子基团产生化学物理作用，使有机物脱去，并有效脱色，去除 COD、矿物油等污染物。沉淀后的水经过预电解槽用电化学方法预处理，去除部分 COD_{cr}，利于后续的电解处理。经调 pH 值、沉淀后，进入电解氧化槽，以对绝大多数的 COD_{cr}、色度进行脱除，此为主反应器。剩余少量难用普通电解法去除的污染物、废水进入催化电解槽，以保证废水经沉淀后达标排放或回收利用。其中由沉淀池产生的污泥送污泥浓缩池浓缩后，经污泥脱水机脱水，产生的泥饼包装清运或送锅炉燃烧处理。

表 4-16～18 是某木业企业日生产废水处理各工序水质情况。处理后可以达到国家二级排放标准。

表 4-16　处理前废水水质表

项目	pH 值	COD_{cr}（mg/L）	SS（mg/L）	色度
指标	6～9	13 500	500	12 500

表 4-17　经混凝后废水水质表

项目	pH 值	COD_{cr}（mg/L）	SS（mg/L）	色度
指标	6～9	≤850	≤200	≤350

表 4-18　经沉淀工艺处理后的水质表

项目	pH 值	COD_{cr}（mg/L）	SS（mg/L）	色度
指标	6～9	≤120	≤100	≤60

第五章 单板胶压成型

胶压成型包括涂胶组坯和模压成型，是科技木生产的核心工序。在产品设计阶段，科技木的花纹图案确定后，单板的规格尺寸、色调、模具、组坯公式等已被确定。涂胶组坯主要是将经过整理合格的单板以既定的作业方式将其表面均匀地涂布上胶黏剂并按照预先设计的组坯公式进行组坯；模压成型则是将涂胶组坯好的单板采用既定的模具和作业方式层积胶压形成具有设计花纹和设计形状的科技木毛方。因此，此阶段质量控制的关键在于科技木的花纹成型和胶接强度。所使用原材料的树种不同，其酸碱性和所含的抽提物不同，所使用的胶黏剂也略有差异。

第一节 胶黏剂

一、胶黏剂的选择

胶黏剂的种类不同，其属性及使用条件也不同。每一种既定的胶黏剂，只能适用于一定的使用条件，只有在合理选择和使用的情况下，才能最大限度地发挥每一种胶黏剂的优良性能，满足被粘接材料所提出的各项要求。科技木用胶黏剂的选择，应根据生产加工条件（包括工序作业条件、作业时间、涂胶工艺、胶接条件等）、产品的使用条件（包括干湿、冷热、室内外、负载等）及被胶接材料的种类和性质（包括材质、含水率、酸碱性、孔隙度等）进行选择。

（一）根据科技木产品的要求选择

科技木木方主要用于刨切成薄木或制作成其他木制品，为了保证刨切及后序加工和使用过程中胶层不脱胶，其所用胶黏剂要求有较高的胶合强度。一般要求所选用胶黏剂的强度应高于被胶合的木材强度，即固化后胶层的内聚强度应高于木材的内聚强度。同种胶黏剂因胶接树种及胶接条件等的不同其胶合强度也不同。选择高级耐水性、耐水性或非耐水性的胶黏剂可根据科技木产品使用条件来确定，如科技木主要用于室内装饰，可选择耐水性的胶黏剂。为了保证科技木木方的加工性能，要求使用的胶黏剂具有一定的柔韧性，以免损坏刀具。

胶接制品的污染源主要为胶黏剂中含有的甲醛、苯酚及其他有毒物质，这些有毒物质释放出来后会影响人体健康，对于主要用于室内装饰用的科技木产品，宜选择环保型胶黏剂。

（二）按胶黏剂的使用特性选择

胶黏剂的特性随原料性质、原料配比及调制工艺等因素的差异而变化，这较大程度地影响着科技木的胶合质量、生产加工工艺，所以科技木胶黏剂的选择应根据胶黏剂的使用特性进行选择。胶黏剂的特性主要是指胶液固体含量、黏度、胶液适用期、pH 值、胶液固化时间及固化条件等。

1. 胶液固体含量和黏度

胶液固体含量是指在规定条件下测得的胶黏剂中非挥发性物质的质量百分数。黏度是指液体流动时内摩擦力的量度，用液体流动时的剪切应力与剪切速率之比来表示。胶液固体含量和黏度是胶黏剂的一个重要性能指标，它影响着施胶量、施胶方法、施胶均匀性、胶液的流动性和渗透性、胶接工艺条件及施胶设备等。科技木用胶黏剂，一般采用固体含量和黏度适中的胶黏剂。

2. 胶液适用期

胶液适用期是指配制后的胶黏剂能维持其可用性能的时间，它是胶液可操作性的重要技术指标之一。胶液的适用期对科技木的施胶、组坯、压合等工序有重要的影响。胶黏剂的适用期与固化时间一般成正比例关系，适用期越长，固化时间亦长。由于一根科技木木方的制造需要将单板一张一张进行施胶、组坯，作业时间较长，若胶黏剂适用期过短会产生已调胶液还未用完就变成凝胶状，导致无法正常施胶，造成胶液的浪费；同时由于在木方压合前胶液已提前固化，会造成胶合强度下降或胶合后木方开裂现象。适用期过长，固化时间也相应较长，对科技木木方的生产周期及运作成本有一定的负面影响。同一种树脂，当其固体含量高、黏度大、游离醛含量高、分子量大时，适用期就短，其中游离醛含量和黏度对适用期影响最大。一般来说，科技木生产周期相对较长，应选择适用期比生产周期适当长的胶黏剂，但不宜过长，否则将会在一定程度上延长胶液的固化时间。

3. 胶液的固化条件及固化时间

固化时间是指胶黏剂在一定的温度下完成固化所需要的时间。胶黏剂的固化条件和固化时间因胶种不同而异，即使同种胶黏剂，由于原料的配比和调制工艺的不同，胶液固化时间和固化条件也有很大的差别。胶黏剂的固化条件主要有固化温度、压力、pH 值、材料含水率及材料性质等。

（1）压力

绝大多数的胶黏剂在固化或硬化过程中，都要施加一定的压力，以保持被胶接物体表面的紧密接触，使胶黏剂产生足够的胶接力。一般胶黏剂如酚醛树脂胶、脲醛树脂胶等，在胶合过程中需施加一定的压力，才能达到良好的胶合效果。

（2）温度和时间

胶接中的温度和时间，主要是胶黏剂通过化学反应或物理变化形成高胶接强度所要求的温度和时间。胶接中所要求的温度和时间随胶黏剂的性质不同而不同，概括来说胶接温度有常温和高温两种，前者固化时间长，后者固化时间短，如脲醛树脂胶在固化剂的作用下生产科技木时，既可加热固化，也可在常温下固化，前者固化时间仅需几分钟至几小时，后者固化时间则需几小时至几天。

（3）材料含水率

胶黏剂对被胶合木材的含水率也有一定的要求，胶种不同要求也不同，在确定胶黏剂之后，必须使被胶接材料的含水率满足胶黏剂固化要求，才能充分发挥胶黏剂的优点，以保证足够的胶接强度和胶接耐久性。合成树脂中如脲醛树脂胶，常温固化时要求被粘接木材的含水率在 6%～16%；高温固化时要求含水率在 4%～16%。若含水率超过要求范围，胶合质量就会明显下降。而蛋白质胶黏剂如豆胶则对木材含水率要求不十分严格。

（4）材料性质

热应力是材料间热膨胀系数不等、温度变化所产生的应力。当被胶接物是由多种材料构成时，不同的被胶接材料之间以及它们与胶黏剂之间，由于热膨胀系数不同，温度发生变化时就产生热应力。热应力的大小与温度变化大小、胶黏剂与被胶接物膨胀系数的差值以及材料的弹性模量的大小成正比。为减少热应力的产生，除考虑减少被胶接材料种类外，可采用在胶黏剂中添加填料等助剂来调节膨胀系数的大小，尽可能选用弹性模量低、延伸率高的胶黏剂使热应力通过胶黏剂的变形释放出来，同时可选用室温固化的胶黏剂等方法减少胶接热应力。在科技木生产过程中，可采用在胶液的调制过程中加入适当填料，以及木方施胶组坯完后，在胶液固化期间保持足够压力等方法以减少收缩应力的产生。

科技木胶黏剂选择时，除考虑上述特性外，对胶液调制难易、性能稳定性、贮存难易、卫生安全、原料来源及胶液成本等方面也应认真考虑。

二、影响胶接强度的因素

（一）木材对胶接强度的影响

1. 木材的抽提成分

木材的抽提成分是指木材中除构成细胞壁的纤维素、半纤维素

103

和木素以外，经中性溶剂如水、酒精、苯、乙醚、氯仿、水蒸气或用稀碱稀酸溶液抽提出来的物质（如树脂、树胶、单宁、挥发油、色素等）的总称。大多数木材抽提物是在边材转变为心材的过程中形成的。抽提物的含量随树种、树龄、树干位置以及树木生长的立地条件不同而有差异。一般心材含量高于边材，而心材外层又高于心材内层。

一般来说，木材中抽提物的存在使木材的渗透性减小，难以被胶黏剂所充分湿润，粘接效果差，因此在胶接时形成内聚力也随之减慢。抽提物对胶接强度的影响如表 5-1 所示。

表 5-1　抽提物对胶接强度的影响

主要原因	对胶接面的影响
抽提物的特殊成分阻碍湿润	胶黏剂层和木材之间为界面层破坏
抽提物的特殊成分导致胶黏剂固化不良	胶黏剂层为内聚破坏
胶黏剂过度渗透，相反水分的渗透能力显著降低	缺胶

在科技木实际生产中，单板的染色与漂白在一定程度上降低了其抽提成分的含量，仅由此因素来看，染色、漂白处理在一定程度上有利于提高科技木的胶合强度。此外，为提高天然木材的胶合效果，如采用脲醛树脂胶合时，可采用热水提取单板的抽提物；采用三聚氰胺脲醛树脂胶合时，可用1%氢氧化钠或热水提取单板的抽提物；采用酚醛树脂胶合时，可用1%氢氧化钠溶液提取单板的抽提物。但是，借溶剂抽提处理以提高润湿能力的方法并不是对所有树种都有同样的效果。

2. 木材含水率

木材含水率是影响木材粘接强度的一个重要参数。例如将脲醛树脂涂于木材表面后，首先胶黏剂中的水分会有选择地向木材内部移动，而胶黏剂的移动速度则非常慢，胶黏剂留在胶接层上产生所谓的选择性吸附现象。这种选择性吸附因木材含水率的不同而不同，气干状态最高，即使在含水率过低时选择性吸附也比较低；在超过纤维饱和点含水率时，水和胶黏剂的移动速度差异消失，致使这种

科技木——重组装饰材

104

选择性吸附降低。

从选择吸附性的角度出发，在木材粘接之前应将含水率控制在适当的范围内。当被胶接木材的含水率过高，所含水分会稀释涂布在木材表面的胶黏剂，降低了该部位胶黏剂的黏度，向木材内部过度浸透导致胶接层缺胶，并且导致胶黏剂固化迟缓。

胶接木材的最适宜含水率因胶黏剂的种类、性状、胶接条件等的不同而异。表 5-2 为获得胶黏剂的较高粘接强度对于木材含水率的要求范围。

表 5-2　胶黏剂获得较高胶接强度的木材含水率范围

粘接条件	含水率（%）	粘接条件	含水率（%）
热压用的酚醛	4～18	酚醛薄膜	6～14
常温固化的酚醛	4～12	脲醛薄膜	6～14
常温固化的脲醛	6～16	聚醋酸乙烯乳液	6～24
热压用的脲醛	4～16	间苯二酚甲醛树脂	20～28

在科技木实际生产过程中，根据不同胶种的要求将单板含水率控制在适当范围内进行胶接是非常重要的。采用常温固化的脲醛胶时，一般将待布胶单板的含水率控制在 6%～16%。

3. 木材胶接面的纹理和纤维方向

木材是一种三向（纤维向、切线向、半径向）三切面（横切面、径切面、弦切面）异向性材料，因其纹理、纤维方向不同，其收缩膨胀等物理性质以及机械性质有较大差异。

在科技木加工时，被粘接材纤维方向的组合有互相垂直、互相平行和互相成某种角度等多种方式，这种方向的差异性对胶接力的影响较大。一般有如下规律：

（1）纤维方向相互平行胶接时，胶接力最大，纤维方向相互垂直时其胶接力最小；

（2）不同胶接面组合的胶接力：径切面∥径切面＞径切面＋弦切面＞弦切面∥弦切面≥端切面之间＞端切面＋径切面≌端切面＋弦切面；

（3）若径切面之间或弦切面之间纤维方向相互垂直胶接时，则胶接力最低。

4. 表面粗糙度

过于粗糙的材面，不能被胶黏剂充分湿润，凹陷处残留的空气，使胶层不完整，有效胶接面积减小，降低了胶合强度。被胶接材面的粗糙度对胶接强度的影响程度与被胶接材料的性质、种类、胶黏剂的种类、润湿性施胶量、黏度以及施压压力等因素有关。被胶接木材面越平滑，施胶量也相应越少，即使在较低的压力作用下也能达到良好的胶接效果。若材面粗糙，可采用增大涂胶量、提高加压压力、使用适当的填充剂等方法获得较好的胶接效果。若被胶接材面经过刨切加工，表面平滑，胶黏剂在其表面易于形成均一的胶层，同时因为木材组织没有过分损坏，导管或管胞等的内腔呈开口状态，胶黏剂浸透后易于形成有效的胶钉，胶接效果显著提高。对于胶接材面为砂光表面，表面平滑，胶层均匀，但由于其表面组织的内腔损伤多，当加压压力低时，难于形成有效的胶钉，粘接强度低；当提高胶合压力时，将促使胶黏剂的浸透，胶接强度会显著提高。

对于材面能被胶黏剂充分湿润的木材，粗糙度对粘接强度的影响较小。对于密度大，材面十分粗糙的木材，其胶接强度较差。

5. 木材的相对密度

对阔叶材进行试验证明：当用脲醛树脂进行粘接时，对于相对密度小于 0.8 的木材，胶接强度随相对密度的增大而升高，但相对密度大于 0.8 的木材的胶接强度则与木材相对密度无关。

从粘接的难易和耐久性方面考虑，相对密度低，胶接界面的应力集中较小，并易于产生镶嵌作用，因而剥离强度高。木材的解剖学性质与化学组成也是影响胶接难易的重要因素。一般而言，孔隙多、材质不均匀的木材，难于形成连续的胶层，相对密度大的胶接耐久性比相对密度小的木材差。

6. 木材的 pH 值

天然木材大多是微酸性。一般它并不是影响常用木材可胶接性的一个重要因素，而是间接地影响涂布胶黏剂的固化时间。研究表明，对于木材相对密度大于 0.8 时，木材的 pH 值一般只是对胶黏剂的固化时间有不同程度的影响，而对胶接性能几乎无影响。科技木用单板在染色或漂白过程中改变了木材的 pH 值，因此在生产中应注意对胶黏剂的影响，如在漂白后宜将单板进行中和、水洗，使木材的 pH 值呈弱酸性。

7. 被胶接面的污染及其他

被胶接材面受污染则会妨碍胶黏剂的湿润，致使胶接不能顺利进行，对胶接性能影响很大。

切削或研磨好的木材应在尽可能短的时间内进行粘接，若长时间放置，会导致胶接性能下降。某些木材即使在暗室、密封、温度恒定的优异条件下进行保存，粘接强度也会随贮存时间的延长逐渐降低。其原因可能是在木材放置过程中，木材的表面状态逐渐发生了某些变化，阻碍胶接的树脂或抽提物向木材表面迁移因光劣化等造成表面惰化，其总的结果是使木材的润湿性降低，从而降低了木材的粘接强度。可采用再研磨、再切削被胶接面或化学处理等方法加以改善。

此外，当把单板或板材置于高温下长时间进行干燥，木材表面会发生硬化变质，材面颜色变暗，特别是润湿性恶化，使其可胶接的性能下降，特别是对于抽提成分较多的木材（如椴木），下降的现象更为明显。原因可能是抽提成分在加热过程中向木材表面迁移，使表面抽提成分增加的缘故。

木材本身的缺陷如节子等会使其胶接力下降。扭转纹理和交错纹理严重的木材加工困难，通常加工表面粗糙，不仅导致胶接力降低，还易产生致命的结构缺陷，在科技木生产过程一般将严重的天然缺陷予以挖修，若未挖除将在后序加工成薄木时容易产生欠肉等加工缺陷。

（二）胶黏剂对木材胶接质量的影响

木材的胶接质量与胶黏剂有着密切的关系，所以在使用胶黏剂时为获得良好的胶接强度，必须综合考虑以下几个方面因素。

1. 合理选用胶黏剂

所选择的胶黏剂必须和特定的使用条件相适应，如允许的胶接操作条件、被胶接材的种类和性质、所要求的胶接性能、最终的使用条件等。

2. 分子量及其分布

胶黏剂的分子量大小及其分布对胶黏剂的性质和胶接强度有较大的影响。即使分子量相同，而分子量分布不同，胶接强度也是不同的。低聚物含量较高时，接头破坏呈内聚破坏；高聚物含量高时，接头破坏呈界面破坏。在低分子量的胶黏剂中混入少量高分子的胶黏剂，增加了低分子量胶黏剂的内聚力，使破坏的形式由胶黏剂单纯自身的内聚破坏，过渡到界面破坏。

分子量较小时，具有较低的熔点，较小的黏度，胶接性能良好，但内聚能较低，获得的胶接内聚强度不高；聚合物分子量较大时，难于溶解，熔点高，黏度较大，胶接性能较差。若内聚强度较大，可能获得较高的胶接内聚强度。一般胶黏剂所用聚合物应具有相应的分子量大小或聚合度范围，胶黏剂才能有良好的胶接性能和较高的胶接内聚强度。在进行胶黏剂基料选用和分子结构设计时，应当控制聚合物的分子量。一般在适宜的分子量范围内，分子量偏低时，胶接强度较高。

聚合物分子量（聚合度）对内聚力的影响，可用式（5-1）表示。

$$\sigma = \sigma_\infty - K / \overline{P}_n \qquad (5-1)$$

式中：σ——聚合度为 $\overline{P}_n$ 时，聚合物的抗张强度；

σ_∞——聚合度为无限大时的抗张强度；

K——与聚合物特性有关的常数；

$\overline{P}_n$——平均聚合度。

酚醛树脂、脲醛树脂等热固性胶黏剂，在胶接过程中的分子量与胶接强度的关系，如图 5-1 所示，曲线 A 的部分为内聚破坏（即胶层破坏），曲线 B 的部分为界面破坏（即木材和胶液间结合力的破坏）。

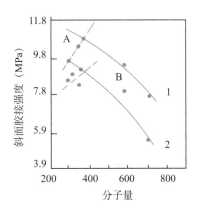

图 5-1　胶接过程中的分子量与胶接强度的关系

1. 干状胶接强度　　2. 湿状胶接强度

由此可见，脲醛树脂的分子量较低时，胶接强度最高，分子量大到最高时，胶接强度最低，故脲醛树脂的分子量以 400～600 为宜。

3. 黏度与树脂固体含量

一般热固性树脂胶黏剂的黏度与树脂的固体含量以及树脂的缩合度成比例关系。胶黏剂的黏度和树脂（粘料）含量与粘接有重要关系。黏度过低的胶黏剂，易于浸润被粘材表面，但对于疏松多孔易于吸收水分的材料，胶黏剂易过多地向木材中部渗透，使残留的树脂量不足以形成连续均匀的粘接层，并产生所谓"缺胶"（在粘接层的一部分，由于胶黏剂不足而产生空隙），这不仅会减少有效的粘接面积，而且还必然在缺胶部位产生应力集中，造成胶接质量不良。

胶黏剂的黏度适当与否，与被粘接结构类型、被粘材的性能和粘接操作条件等因素有关。如对于科技木木方的生产，黏度若过高将造成涂布非常困难，涂胶量难于控制，涂胶量易偏大，同时若黏度过高，布胶单板易于出现卷机现象，布胶操作困难，并且胶液流动性恶化，不能形成均匀的胶接层。

胶黏剂的黏度与温度有关，一般是温度高时黏度低，温度低时黏度高。科技木胶黏剂黏度一般为 450～1 300 mPa·s（@25℃），为保证科技木生产用胶黏剂性能的稳定性，胶黏剂温度不宜过低或过高，一般控制在 $18\sim35℃$，黏度可以通过添加增黏剂、填充剂或者加水来进行调节。

树脂是形成粘接层和产生粘接作用的主要物质，胶黏剂中的树脂含量少，就难以形成完整的粘接层，也难以产生完全的粘接。所以，为了得到良好的粘接，胶黏剂必须有适当的树脂含量。如日本工业标准（JIS）规定，聚醋酸乙烯乳液的树脂固体含量在40%以上；脲醛胶黏剂的树脂含量，常温固化用的在60%以上，加热固化用的在43%以上等。

4. 胶黏剂的润湿性

润湿性为固体对液体的亲和性。胶黏剂在完成胶合作用时，其分子必须对被胶粘物表面有一定的润湿、扩散能力，扩大胶合接触面，使胶液形成薄而均匀的胶层，为胶黏剂分子与被胶粘物表面的分子相互吸引、达到良好胶合而创造必要的条件。

胶黏剂的润湿性与胶黏剂的黏度有密切关系。胶黏剂的黏度体现了胶黏剂的内聚力，当黏度增加时，内聚力增大，减少了胶黏剂对物体表面的润湿、扩散能力。因此，胶黏剂的黏度增大，润湿性减小。

胶黏剂的润湿性影响胶层质量、胶液消耗量及粘接强度等。在科技木木方的生产过程中，若胶液润湿性过大，胶液的渗透力过强，胶黏剂将会过多地渗透到木材内部，产生表面缺胶及耗胶量过大等缺陷，若胶液的润湿性过小，会造成胶层过厚，胶液分布不均等缺点。因此，为保证科技木的胶接质量，应选择具有适当润湿性的胶黏剂。

5. pH 值

胶黏剂的 pH 值，直接关系到粘接层的性能和耐久性，当胶黏剂与胶接层呈极端的强酸性或强碱性时，会导致木材自身的脆弱化、变色以及胶层的老化和胶层中所添颜料的色泽变化等，造成胶接性能下降、污染、降低粘接结构的使用寿命。酸性对木材的劣化远较碱性为重，如添加过量酸性固化剂的常温固化脲醛胶黏剂或酚醛胶黏剂，会加速粘接层和木材层的老化，这是由于固化时残留的酸作为催化剂使木材老化性增加的缘故。如图5-2脲醛树脂胶层pH值与胶接强度的关系表明：树脂固化的pH值在4.2左右，获得最高胶接强度，而pH高于或低于胶接强度开始下降。所以木材胶黏剂的pH值不宜低于3.5，一般科技木用胶黏剂的pH值为4～5。

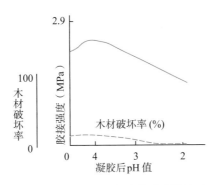

图5-2　胶层pH值与胶接强度的关系

6. 胶接层的厚度

为获得较好的胶接性能，需要合适的胶黏剂涂布量，以获得良好的胶接层。合适的涂布量随被粘材的种类、厚度、含水率及表面状态等因素而改变。胶接层厚度在不产生缺胶的情况下应尽可能薄，一般希望胶接层的厚度在 $20～50~\mu m$。这是因为：

（1）胶接层越薄，使凝聚力降低，缺陷进入的概率减少，减少了胶接层中的应力集中点；

（2）在胶接层中产生的内应力变小，而且使其易于向被胶接材移动，老化性也变小。

科技木的施胶方式一般采用单板双面布胶的方式，如对于0.75 mm 厚度的单板，其涂布量一般控制在 $130～190~g/m^2$（双面）。

当被粘接材表面质量状态较差，如：粗丝严重等原因，不得不增加胶接层的厚度时，应采用提高其填充性，如适当添加填充剂以及增大压力等方法予以改善。

7. 胶黏剂的适用期、固化条件与时间

胶黏剂的适用期对于与固化时间、pH值有关的胶黏剂来说是

非常重要的。胶液存放或使用的时间超过胶液适用期，胶液就会变为凝胶状而失去胶合作用。科技木木方的生产周期相对较长，如胶液的适用期偏短将会严重影响木方的生产过程及其胶接质量。

胶液的固化条件与时间是影响科技木等木材胶合部件的质量、生产效率及成本核算等的重要因素。固化条件主要有温度、压力及被粘接材的含水率等。一般地，科技木用胶黏剂在固化或硬化过程中，都需要在一定的温度条件下，施加并保持一定的压力，以保持被胶接材表面的紧密接触，以使胶黏剂能产生足够的胶接力。如可采用将木方装架上螺杆的方法予以保压，等胶水完全固化后，才可拆架卸压。若固化时间过长，则直接影响着科技木的生产周期及生产成本和交货期等。

除上所述，影响粘接质量的因素还有胶黏剂的贮存时间、胶黏剂的极性以及胶黏剂各组分的配比等。

三、科技木常用胶黏剂

一种好的木材胶黏剂，除了应具有良好的胶接性能外，还必须具有良好的工艺性和经济效益。因此，尽管能胶接木材的胶黏剂有数十种，而常用的木材胶黏剂只有十来种。下面主要介绍科技木生产中常用的胶黏剂。

科技木生产中常用胶黏剂有：改性脲醛树脂胶黏剂（UF）、改性三聚氰胺树脂胶黏剂（MUF）、聚醋酸乙烯酯乳液胶黏剂（PVA_C）、乙烯—丙酸乙酯共聚树脂热熔胶黏剂（EEA）、橡胶型胶黏剂、聚氨酯胶黏剂等。其中主要用胶黏剂为改性脲醛树脂胶黏剂和改性三聚氰胺树脂胶黏剂。

（一）改性脲醛树脂胶黏剂

脲醛树脂胶黏剂是一种由尿素和甲醛在催化剂（碱性催化剂或酸性催化剂）和一定反应条件下缩聚而成的初期脲醛树脂。使用时，在固化剂或助剂存在下，形成不溶、不熔的末期脲醛树脂。它属于中等耐水性胶黏剂。

脲醛树脂胶黏剂由于其操作性能良好、固化速度快、相对成本低廉、原料来源丰富，特别是固化后胶层无色、粘接强度高等一系列优点而被广泛地应用于木材加工业。但它也存在一些缺点，如耐水性差、胶层脆性大，特别是胶接产品在生产、使用过程中有游离甲醛逸出，会污染环境，危害人类健康。因此对脲醛树脂胶的缺陷进行改性，提高其环保性的研究是现在至今后相当长一段时间内木材胶黏剂的发展方向。

1. 降低游离甲醛含量

（1）游离甲醛产生的原因

脲醛树脂胶中产生甲醛（即游离甲醛）主要来源有：①平衡反应中存在的未参加反应的甲醛；②羟甲基和亚甲基醚的半缩甲醛的分解；③ UF 树脂固化时产生的甲醛。

甲醛与尿素的加成反应式为：

$$\underset{H_2N-C-NH_2}{\overset{O}{\underset{\|}{}}}+CH_2O \rightleftharpoons \underset{H_2N-C-NHCHOH}{\overset{O}{\underset{\|}{}}} \overset{CH_2O}{\rightleftharpoons} \underset{HOCH_2NH-C-NHCH_2OH}{\overset{O}{\underset{\|}{}}}$$

此外还生成少量的三羟甲基脲及极少量理论上推测的四羟甲基脲。该反应为可逆反应，反应终止后，反应物与产物达到平衡，甲醛不可能定量转化，无论采用什么办法，使上述反应从理论上增大其平衡常数，但平衡时体系中永远有部分游离甲醛存在。另外，从热力学角度讲，该反应为放热反应，所以降低温度有利于游离甲醛含量的降低；但从动力学角度讲，为保证一定的反应速度，又不可能采用太低的温度，这也是造成游离甲醛含量偏高的原因。

（2）降低游离甲醛的方法

第一，降低甲醛与尿素的摩尔比。一般情况下，树脂合成时，甲醛与尿素的摩尔比越小，游离甲醛含量越少。但当摩尔比太低时，树脂中羟甲基含量降低，游离尿素增加，树脂水溶性下降，树脂的初黏性和粘接强度降低，稳定性变差。因此，在实际生产中应根据具体情况，确定适当的摩尔比。当进一步降低使之达到1∶1.3～1.4时，游离甲醛含量可降至0.4%以下，当进一步降低使之达到1∶1.05～1.3，并采用多阶段缩聚工艺，可使树脂游离甲醛含量下降至0.05%～0.1%，涂胶后在空气中甲醛含量不高于 $0.03\sim0.06\,\mathrm{mg/m^3}$。

第二，采用尿素多次投料法。根据化学平衡原理及近年来的研究表明，在 F/U 摩尔比不变的前提下，尿素分多次投料对降低游离甲醛含量有利，而且生成树脂的结构合理，综合性能好。尿素分批加入的第一阶段摩尔数一般是 F/U>2，有利于二羟甲基脲生成，有利于增加其胶合强度及提高胶黏剂的稳定性，但若过量，易引起暴聚。后几次尿素的加入，有利于捕捉树脂中未反应的甲醛，反应生成一羟甲基脲，从而吸收了残存的甲醛。理论上讲，投料时将相同量的尿素分成的批量越多，所生成的树脂的粘接性能越好，但实际生产中加尿次数太多，使制胶反应时间相应延长，操作麻烦，而且树脂中因残存游离尿较多，使胶合产品耐水性下降，故实际生产中一般采用尿素分二次至三次加入。

第三，采用低温合成工艺。实验表明，尿素与甲醛生成羟甲基脲的反应是放热反应，羟甲基化越完全则树脂中游离醛含量越少。根据 Lechatelier 原理，降低温度可使平衡向着放热方向进行，即向生成物方向进行，有利于羟甲基化反应，也就有利于降低游离醛含量。但随着反应温度的降低，反应体系中活化分子百分数减少，反应时间成倍延长，使生产效率降低，不利于工业化生产。采用强酸性条件下降低反应活化能的方法来提高反应体系中活化分子百分数，加快反应速度，可使中、低温合成工艺顺利实施，从而利于降低游离甲醛含量，又不影响生产效率。但强酸低温工艺在大工业生产中对操作人员的素质要求较高，温度与 pH 值控制不当时极易出现凝胶现象。

第四，添加甲醛吸收剂。在 UF 树脂中添加甲醛吸收剂，从而降低胶液中游离甲醛含量，并可吸收胶黏剂固化过程中析出的甲醛及木制品使用过程中因胶黏剂水解等原因而产生的甲醛，从而从根本上解决了甲醛的污染问题。

甲醛吸收剂的品种较多，从广义上讲，凡是在常温下能与甲醛发生化学反应的物质，均可用作甲醛吸收剂，其中效果较为显著的有以下几种：①天然及合成高分子化合物，包括聚丙烯酰胺、栲胶、动物胶、木质素磺酸铵、脱脂豆粉、热塑性酚醛树脂粉末、酪素、聚乙烯醇及活性污泥等，其中以聚丙烯酰胺及脱脂豆粉效果为最佳；②某些有机化合物，用以吸收胶液中的游离甲醛及固化过程中、木制品使用过程中逸出的甲醛，包括尿素、三聚氰胺、间苯二酚、对甲苯磺酰胺、偶氮二异丁腈、丙酮等，其中以三聚氰胺效果最佳。

第五，在木材粘接前，用各种与甲醛能反应的无机盐的水溶液处理木材，可有效地降低木制品加工过程及使用过程中甲醛的释放量，使环境中甲醛含量大幅度降低，达到规定的标准。效果较明显的无机物有（NH_4）$_3PO_4$、（NH_4）$_2HPO_4$、（NH_4）$_2CO_3$、NH_4HCO_3、NH_4Cl、$NH_4H_2PO_4$、（NH_4）$_2$（B_2O_4）·H_2O、$NaHSO_3$、Na_2SO_3 等。

在木材黏合后，也可采用尿素与 NH_4Cl 及水溶性高分子材料配成稀水溶液涂在木制品表面上，或分别用氨气及 CO_2 气体处理木制品，以吸收逸出的甲醛，效果良好。此外，通过控制缩聚阶段的 pH 值或采用加水脱水工艺以及在脱水期间，向 UF 树脂中补加少量甲醇等，均可有效地降低游离甲醛含量。

2. 提高脲醛树脂的耐水性

脲醛树脂胶黏剂的耐水性较蛋白质胶黏剂强，但比酚醛树脂胶黏剂及三聚氰胺树脂胶黏剂弱，耐沸水能力更弱。主要原因是由于采用普通合成方法合成的 UF 树脂，其固化后的胶黏剂结构中仍存在着具有亲水性基团（如羟甲基、羟基、氨基、亚氨基等）水解引起的。因此，在一定范围内，减少上述亲水基团的数量或降低亲水基团的亲水性均可提高 UF 树脂的耐水性。对其耐水性改性可采用以下方法：

（1）采用少量的三聚氰胺与尿素、甲醛共缩聚而得到改性脲醛树脂胶（MUF、三元共聚树脂）的方法，向树脂中引入疏水基团，三聚氰胺引入 UF 树脂分子中，形成三维网状结构，封闭了许多吸水性基团，从而提高了产品的耐水性。

（2）利用各种合成胶乳对 UF，甚至对 MUF 进行改性，改性后的胶黏剂其耐水性及耐久性将显著增强，甚至超过酚醛树脂。可用的合成胶乳如丁苯胶乳、羟基丁苯胶乳、丁腈胶乳、氯丁胶乳以

115

及各种丙烯酸酯胶乳等，其中以丁苯胶乳及羟基丁苯胶乳效果最佳，成本低廉。

（3）加入聚乙烯醇。加入的聚乙烯醇与甲醛在酸性条件下生成聚乙烯醇缩甲醛，改善了脲醛树脂胶黏剂的结构，降低了脲醛树脂胶中游离羟甲基含量，从而达到提高耐水性及耐老化性的效果。

（4）利用由造纸厂废液制成的碱木素、水解木素、木质素磺酸盐（铵盐、钙盐）对 UF 胶黏剂进行化学改性，胶黏剂的耐水性有所提高。

（5）树脂结构中引入环状衍生物。在强酸性介质中，尿素与甲醛反应生成 Uron 环。国外有研究表明，Uron 环的耐水性能力比亚甲基二脲高 200 倍。由此可见，树脂中引入 Uron 环，能够提高脲醛树脂的耐水性、耐老化性及稳定性，减少了树脂因水解而释出的甲醛量。此外，环状化合物的引入，相对地可以减少脲醛树脂交联密度，增加分子链长度，提高树脂的水溶性能，这对提高初黏性、改进使用性能也十分有益。

（6）在 UF 胶黏剂体系中引入 $Al_2(SO_4)_3$、$AlPO_4$、白云石、矿渣棉及 NaBr 等无机盐或填料作为胶联剂，其耐水性也有明显改善。

（7）在 UF 胶黏剂中加入少量粘接性能好的疏水性树脂如氧化淀粉、Epon828 环氧树脂，其耐水性及黏合性能都有明显提高。

3. 延长胶黏剂的适用期

为使配制好的胶黏剂能满足科技木生产所需的适用期，尤其是低毒耐水性脲醛树脂，需要开发出新型复合固化剂。如可采用尿素、磷酸盐、硫酸盐及酸性物质（如草酸、磷酸、盐酸、苯磺酸、柠檬酸）等复合而成的固化剂。这种固化剂不但具有较长的适用期，而且又能确保胶层的 pH 值不至于过低，因此可防止胶合层的木材被水解破坏。

4. 改善老化性

脲醛树脂的老化是指固化后的胶层随着时间延长，胶层逐渐产生龟裂以及发生胶层脱落的现象。其主要原因是固化后的 UF 树脂中仍含有部分游离羟甲基，羟甲基具有亲水性并进一步分解释放出甲醛，引起胶层收缩，在大气作用下，随时间的推移，亚甲基键断开导致胶层开胶。胶层愈厚，龟裂现象越严重。可以通过以下措施进行改善：

（1）单板涂胶量均匀，避免胶液分布不均导致表里收缩不一产生开裂。

（2）在树脂缩聚或使用时加入一定量的热塑性树脂来改性，提高树脂的耐水性、韧性，如在缩聚时添加聚乙烯脂或在使用时与醋酸乙烯树脂混合使用。

（3）在脲醛树脂的合成过程中，加入乙醇、丁醇及糠醇，将羟甲基醚化，或将三聚氰胺等与尿素共缩聚，均可提高其抗老化能力。

（4）调胶时，在向树脂中添加填料，如木粉、面粉、豆粉、石膏粉等填充剂，可有效防止由于收缩应力而产生的龟裂。

（5）选择合适的固化剂，因环保型胶黏剂一般固化时间较长，虽可采用增加固化剂的酸性来缩短固化期，但也相应加快了树脂的老化速度，故宜选择适当的多组分复合型固化剂以减小胶黏剂的老化速度，延长制品的使用寿命。

（二）改性脲醛树脂生产工艺实例

1. 改性脲醛树脂的合成实例 A

（1）配方如表 5-3。

表 5-3　改性脲醛树脂实例 A 配方

原料	纯度	用量（g）	摩尔比	备注
甲醛	37%	1 000		
尿素（1）	98%	328.3	2.3	
尿素（2）	98%	175.1	1.5	
尿素（3）	98%	153.2	1.15	
三聚氰胺	工业纯	16		
聚乙烯醇	工业纯	10		预先用3倍水浸泡8 h以上
氢氧化钠	30%～40%	适量		
甲酸∶水	1∶2	适量		

117

（2）合成工艺：

①将甲醛水溶液加入反应釜中；

②用氢氧化钠调 pH＝7.5～8，加入尿素（1）和聚乙烯醇并加热升温，在 30～40 min 内升温至 90～94℃并保温 20 min；

③用甲酸调 pH＝5.4～5.6，保温 40 min（T＝90～94℃）；

④用甲酸调节 pH＝4.8～5.0，30 min 后当黏度达到 17～19 s@20℃，加入尿素（2）并用氢氧化钠调节 pH＝4.9～5.4，当黏度达 20～22 s@20℃，用碱液调节 pH 值为 9；

⑤在 85～90℃温度下加入三聚氰胺，保温 10 min；

⑥加入尿素（3），并保温 40 min；

⑦调节 pH 值＝7.0～7.5，冷却到 40℃出料。

（3）合成树脂的性能指标如下：

固体含量（%）：52～55；

黏度（涂 −4 杯，温度在 30℃时）(s)：25～28；

pH 值：7.0～7.5；

游离甲醛（%）：≤ 0.1；

贮存期（d）：10。

2. 改性脲醛树脂的合成实例 B

（1）配方如表 5-4。

表 5-4　改性脲醛树脂实例 B 配方

原料	纯度	用量（g）	摩尔比	备注
甲醛	37%	1 000		
尿素（1）	98%	328.3	2.3	
尿素（2）	98%	390.8	1.05	
三聚氰胺	98%	17		
氢氧化钠	30%～40%	适量		
甲酸：水	1：2	适量		

（2）合成工艺：

①将甲醛水溶液加入反应釜中，用氢氧化钠调节 pH＝7.2～7.6；

②加入尿素（1），加热升温至 88～93℃，保温 30 min；

③用甲酸调节 pH＝4.6～4.9，保温 20 min 后测黏度，直至黏度达至 15～18s＠20℃（涂 −4 杯）；

④用氢氧化钠调节 pH＝7～10，加入三聚氰胺，保温 20 min（T＝85～90℃）。

⑤加入尿素（2），冷却到 74～76℃，开始真空脱水，脱水量为 250 kg，检测黏度，调节 pH＝7～8；

⑥冷却到 30℃出料。

（3）合成树脂的性能指标如下：

固体含量（%）：60～68；

黏度（mPa·s，T＝30℃）：500～800；

pH 值：7～8；

游离甲醛（%）：≤ 0.1；

贮存期（d）：10。

3. 树脂生产中异常现象及处理方法

在制备树脂生产过程中，由于设备和电器出现故障，或停水、停电，或操作粗心大意，或原材料质量差等原因，会出现一些异常现象及质量事故，根据实践经验提出如下措施，仅供参考，见表 5-5。

表 5-5 树脂生产中异常现象及处理

异常现象	原因	处理措施
开始反应时釜内产生压力	回流阀门或大气阀门未打开	立即打开阀门
加热时升温速度慢	夹套中有冷水或蒸汽压力不够	打开排水阀，排出夹套中的水，检查蒸汽总阀门是否打开，如气压不够，应与供汽部门联系
加热时升温速度太快以至反应液逸出	蒸汽压力太大，进汽阀门关得太晚	立即停止加热，通水冷却，如反应液逸出，打开真空泵，将反应液抽入贮水罐中，待放热过去，将贮水罐中的反应液取出，倒入反应釜内继续反应
上料或脱水时真空度太低，脱水速度慢	有漏气的地方，真空泵的冷却水未打开，反应液温度太低，没有达到沸点	检查真空管路系统，堵住漏气处，打开真空泵的冷却水 开大进汽阀，提高反应液温度

119

异常现象	原因	处理措施
脱水开始时起泡沫	原材料不干净或树脂分子量太小	加入少许消泡剂（如油酸、硅油、辛醇）
脱水时反应液抽入贮水罐中	反应液起泡沫，真空度上升太快，内温太高	立即打开通大气阀门降低真空度。关小蒸气阀门待反应液降温。同时将贮水罐中的反应液取出，倒回反应釜继续脱水
加成阶段发现反应液浑浊	甲醛未加碱调节 pH 值或尿素中硫酸盐含量太高	立即加碱中和，进行冷却放料处理
缩聚阶段反应速度太快	配方有误，(U/F)摩尔比低，酸性太强，甲醛中甲醇含量低，甲酸加量过多	检查配方，补加尿素（注意要适当降温），将 pH 值调低一些，提高反应温度
放料时发现甲醛气味特别大	配方有错误，摩尔比高，甲醛管道漏料	可补加定量尿素，或放料待以后处理，检查管道的漏料处
树脂液在反应釜内凝胶	缩聚反应太激烈以至控制不住。加甲酸量太多，或加入速度太快，使 pH 值过低	应立即加入甲醛和氢氧化钠，用人工搅拌加热至基本解聚。冷却后放入桶中待处理
树脂液在贮存过程中出现凝胶	树脂稳定性不好或由于存放时间过长，或温度过高	（1）将凝胶适当加热至能流动，在合成新树脂时加入 10%～20% 进行反应 （2）将凝胶加热至能流动，倒入反应釜，按摩尔比将尿素溶解在中性甲醛中，然后慢慢加入反应釜，加入量应根据黏度下降情况至黏度达到要求为止
中途停水	供水管道出故障或夏季水压过小	若反应处于加成阶段，可按顺序操作（注意升温要慢）；若反应处于缩聚阶段，待温度自然下降至 88℃，再缓慢加酸调节 pH 值，pH 值要适当调得高一些，终点到达后立即加碱中和，等来水后再进行真空脱水；若反应处于脱水阶段，立即停汽，同时注意釜内 pH 值和黏度的变化，发现黏度增大时，立即加入中和好的甲醛作为溶剂或加入第三部分尿素以降低温度和黏度
中途停电	电路或变电所出故障	若反应处于加成阶段，不许投入新料，待来电后继续操作；若反应处于缩聚阶段，立即加碱中和，开冷却水并用人工搅拌到釜内温度降至 50℃ 以下；若反应处于脱水阶段，应立即关闭蒸汽阀门，通水冷却并人工搅拌，将釜内温降至 50℃ 以下

（三）改性脲醛树脂胶黏剂的调制

在使用脲醛树脂胶时，通常把加入固化剂、助剂和改性剂等，以改变脲醛树脂胶黏剂性能，经调制均匀后使用的过程，称为胶液的调制（简称调胶）。

脲醛树脂在加热或常温下，虽然自身也能够固化，把木材胶合在一起，但固化的时间很长，固化后的产物，由于交联度低，固化不完全，粘接质量差，因此，在科技木生产过程中都要加入固化剂，保证胶接质量，同时为了改变脲醛树脂的某些性能（如增加初黏性、提高耐水性及耐老化性、降低甲醛等），还需加入某种助剂。调胶是保证科技木胶合质量的一个重要组成部分。

1. 固化剂

（1）固化原理

由于固化剂是酸或酸性盐类物质，将它加入树脂中，具有降低树脂pH值的作用，使树脂在酸性条件下，缩聚反应加快，使溶液中溶解的线型树脂，转化为不溶的体型树脂（即固化）。

（2）固化剂种类

①单组分固化剂：酸性物质如草酸、苯磺酸、磷酸等等；酸性盐如氯化铵、硫酸铵、磷酸铵等等。此工艺较少采用。

②多组分固化剂：采用有机酸、无机酸、酸性盐以及尿素等多组分调制而成。其目的在于，一方面可延长树脂的适用时间，特别在夏季室温较高，单组分固化剂所调胶黏剂适用期往往不能满足作业要求，故常采用多组分固化剂；如使用迟缓剂，使固化反应平衡向左移动，使生成酸的量减少，固化速度减缓，适用期延长。常用迟缓剂有尿素、六次甲基四胺、三聚氰胺等。另一方面，为加速树脂固化，尤其是在冬季，采用常温固化工艺时，减少迟缓剂用量或增加酸性组分用量的多组分固化剂可大大缩短固化时间。此工艺较普遍采用。

（3）固化剂的选择

①根据使用要求和气候条件进行适当选择，一般科技木的生产，要求加入固化剂后，胶液适用期要长，通常要求在3~8小时，

但在胶合过程中要快速固化。脲醛树脂胶的固化速度受温度影响很大，尤其当冬季气温低时，固化时间会显著地延长，造成胶合强度不佳；夏季气温高，树脂固化过快，会严重影响施胶工艺操作。因此，固化剂的加入量，夏季可少些，冬季适量增多，同时固化剂的组分也可适当作调整。

②选择的固化剂，固化后其胶层 pH 值不宜过低或过高，一般胶层的 pH 值控制在 4～5 之间，其胶合性能较为理想。pH 值过低，胶层易老化；pH 值过高会使固化速度延长，而且会造成固化不完全。

③固化剂的种类和用量决定了胶液 pH 值降低的速度及降低的极限值。而胶液 pH 值降低的速度受温度的影响很大，因此，在采用热固化工艺或冷固化工艺时，固化剂的种类也应作适当调整。

④一般选用复合型固化剂。除保证完成固化作用外，为增加树脂的交联作用、降低游离醛含量以及提高耐水性等，可以在固化剂中添加适量其他化工品以改良其性能，如添加尿素、间苯二酚等等。

2. 助剂

助剂是各种改性物质的统称。脲醛树脂常用的助剂有填充剂、甲醛结合剂、发泡剂、增韧剂、防老化剂、增黏剂等。

（1）填充剂

加入填充剂的目的：节约胶液用量，降低成本；提高固体含量及黏度，增加胶液的初黏性；避免由于胶液过稀，渗入木材内部而引起缺胶；防止或减少在固化过程中由于水分蒸发、胶层收缩而产生内应力，提高胶层的耐老化性能等。

从表 5-6 可以看出，不加填料的脲醛树脂，随着时间延长，胶接强度逐渐下降，胶层愈厚，胶接强度下降愈快，而加入填料的脲醛树脂，胶接强度几乎没有什么变化，说明在脲醛树脂中，加入一定数量的填料后，耐老化性能明显提高。

表 5–6　填料用量对脲醛树脂老化性能的影响

放置天数		3		10		20		30	
加填料量（%）		0	10	0	10	0	10	0	10
粘接强度 /MPa	胶层厚度 0.5 mm	7.0	7.2	6.4	6.9	5.9	6.9	5.2	7.3
	胶层厚度 1.0 mm	4.4	6.9	1.6	6.9	2.5	6.6	0	6.8

注：此表是在脲醛树脂中加入 10% 磺化木素粉与不加进行比较（粘接桦木试件的粘接强度）。

填充剂主要是化学性质不活泼的中性或近于中性物质，能与树脂混合，不产生分层沉淀及副作用；能保持胶液的黏度，不延长胶液的固化时间；对胶合强度和耐水性影响较小且成本低，易制成粉末。

常用填充剂种类有：纤维类填充剂，包括树皮粉、木粉、花生壳粉、水解玉米芯粉等；淀粉填充剂，包括淀粉、面粉、高粱粉、木薯粉等；蛋白质填充剂，包括血粉、豆粉等。

填充剂用量一般为树脂量的 5%～20%。

（2）甲醛结合剂

在调胶时加入甲醛结合剂，对降低甲醛释放量有明显效果。常用的甲醛结合剂有尿素、三聚氰胺、氧化淀粉、含单宁的树皮粉、面粉、豆粉、聚乙酸乙烯乳液等，加入量为树脂液的 3%～15%（质量）为宜。

（3）发泡剂

发泡剂是一种表面活性物质，它的主要作用是降低胶液的表面张力，使空气易于在胶液中分散，形成稳定的泡沫，增大胶液的体积。这种泡沫胶，可以防止胶液过多的渗透到木材内部造成局部缺胶，因而虽然用较少的涂布量亦足够保证胶接质量，其最大特点是减少胶黏剂用量，降低成本。

最常用的发泡剂有血粉、拉开粉（烷基萘基磺酸盐）、明胶等，加入量为树脂液的 0.5%～1.5%（质量），为防止泡沫消失，可加入少量豆粉增加泡沫的稳定性。

（4）增韧剂

脲醛胶固化后，胶层硬脆，科技木木方是由单板施胶后层积而

123

成的木方，木方再加工时如胶层硬脆易磨损刀具，不仅会降低生产效率，增加成本，同时也直接影响薄木的表面刨切质量，如产生所刨薄木表面粗糙，材质易脆裂，甚至有刀痕等。

一般可采用聚醋酸乙烯酯乳液、二元共聚乳液胶（VNA-50）或二甘醇等按一定比例和脲醛树脂混合，以改善脲醛胶的硬脆性，胶层固化后具有韧性，对刀刃磨损减少，薄木柔软、表面光滑。由于乳液胶的耐水性能差且成本也较高，故具体用量宜综合考虑以上因素。用量一般为树脂量的 5%～30%。

（5）增黏剂

脲醛树脂的初黏性一般较低，不适合科技木木方的生产工艺要求，通常可在胶液中加入一定量的粉状脲醛树脂、氧化淀粉、面粉、聚乙烯醇等，增加其初黏性及固体含量，以提高木方胶合质量。

3. 颜料

科技木木方在生产时为获得设计要求的各种色彩的纹理，一般需在胶料中加入少量的着色材料，用于调整胶黏剂颜色的着色材料主要有颜料和染料，其中染料一般较少使用。下面主要介绍一下颜料。颜料是一种微细的粒状有色物质，不溶于它所分散的介质中，而且颜料的物理性质和化学性质基本上不因分散介质而变化。颜料和染料的相似之处在于两者都是固体粉末，而且一般都注重色光这一性能；两者最大区别在于染料能溶于水，而颜料则不能溶于水。

颜料的品种很多，各具不同的性能和作用。科技木的生产对颜料的性能要求主要是着色力、分散度、遮盖力、耐光性、细度、耐酸性及耐热性等，因此宜根据使用性能要求选择合适的颜料，然后根据产品设计要求将颜料与树脂进行混合，调试出所需配方。

颜料按其化学成分可分为有机颜料和无机颜料，有机颜料即为有机化合物所制成的颜料，其颜色鲜艳，耐光耐热、着色力强、品种多。无机颜料即为矿物颜料，其化学组成为无机物，能耐高温，耐日晒，不易变色、褪色或渗色，遮盖力大，但色调少，色彩不如有机颜料鲜艳，目前科技木的生产以无机颜料为主。

颜料按其来源可分为天然颜料和人造颜料；按其在木制品涂饰

过程中的作用可分为着色颜料和体质颜料等，其中科技木的生产以着色颜料为主，下面就具体品种简述如下：

（1）着色颜料

着色颜料指具有一定着色力与遮盖力，在应用中主要起着色与遮盖作用，具有白色、黑色或各种彩色的一些颜料。着色颜料的种类及其性质见表5-7所示。

表5-7　着色颜料的种类及其性质

类别	品种	主要成分	性状
白色颜料	锌钡白又称立德粉	$ZnS \cdot BaSO_4$	颜色洁白，遮盖力强，着色力高，耐热，但耐酸与耐光性差，不宜室外用
	钛白粉	TiO_2	是白色颜料中最好的一种，白度纯白，具有很高的着色力与遮盖力，并耐光、耐热、耐稀酸、耐碱
黑色颜料	炭黑	碳	具极高的着色力、遮盖力与耐光性，对酸碱等化学药品与高温作用都很稳定。
	铁黑	四氧化三铁（Fe_3O_4）	具有极高的着色力、遮盖力与耐光性，对光和大气的作用稳定，耐碱，但能溶于各种稀酸
红色颜料	氧化铁红又称铁红	三氧化二铁（Fe_2O_3）	其色光随制造条件的不同而变动于橙红到紫红之间，着色力、遮盖力都很高，耐光性、耐候性及化学稳定性都很好，但颜色红中带黑，不够鲜艳
黄色颜料	铅铬黄也称铬黄	铬酸铅	颜色因制造条件与成分之不同，介于柠檬色与深黄色之间。具有较高遮盖力、着色力及耐大气性，但耐光性差，在光作用下颜色变暗
	氧化铁黄	$Fe_2O_3 \cdot H_2O$	外观淡黄色粉末，具有较好的耐光性、耐候性、耐酸性、耐热性等性能，颜色鲜艳着色力高、分散性好

此外，蓝色颜料有铁蓝、群青；绿色颜料有铅铬绿与酞菁绿等。

（2）体质颜料

体质颜料又称填料、填充料，指那些不具有着色力与遮盖力的

125

白色和无色颜料。常用品种有大白粉（碳酸钙）与滑石粉等，在科技木生产中一般很少使用。

4. 改性脲醛树脂调制实例

调胶是保证树脂在科技木生产过程中粘接性能良好的一个重要环节，首先宜根据科技木具体工艺要求，选用相应的固化剂及助剂，然后制定调制配方和调制工艺。脲醛树脂胶黏剂的调制工艺一般有两种：用液状脲醛树脂胶调制和用粉状脲醛树脂胶调制。

（1）用液状脲醛树脂胶调制

以科技木橡木生产用胶水的调制配方及工艺为例。配方如表5-8所示。

表5-8　科技木橡木生产用胶水调制配方

原料	配方值
液状改性脲醛树脂	100 kg
面粉	10 kg
二元共聚乳液胶	15 kg
固化剂	8 kg
氧化铁黄	190 g
氧化铁红	80 g
酸性黑	4 g

先将固化剂按配方比例调好，每次使用前要搅匀，不应有沉淀；根据配方量将颜料称量好，要求称量准确（精确至0.1 g），从已称量好的树脂中取少量倒入搅拌器中，将已称量好的面粉逐量加入充分搅拌均匀，再将所称颜料加入搅拌均匀，然后将所剩树脂全部加入搅拌均匀，最后将固化剂按配方量加入搅拌5～10 min，等胶水pH值稳定后即可使用。

（2）粉状脲醛树脂调制工艺

以科技木柚木生产用胶水的调制配方及工艺为例。配方如表5-9所示。

表 5-9 科技木柚木生产用胶水调制配方

原料	配方值
粉状改性脲醛树脂	100 kg
水	90 kg
面粉	10 kg
聚醋酸乙烯乳液	13 kg
固化剂	10 kg
氧化铁黄	185 g
氧化铁红	10 g
酸性黑	12 g

先将固化剂按配方比例调好，每次使用前要搅匀，不应有沉淀；根据配方量将颜料称量好，要求称量准确（精确至 0.1 g），将所需粉状改性脲醛树脂按配比要求先与水充分溶解，此后调制工艺同用液状脲醛树脂胶调制的工艺实例。

（四）三聚氰胺·尿素共缩树脂（MUF）的合成工艺

三聚氰胺树脂是三聚氰胺甲醛树脂的简称。三聚氰胺与尿素共缩合成树脂可用于制造耐水胶合板、刨花板、MDF、科技木、集成材等，属热固性树脂，其耐水及胶接耐久性能介于酚醛树脂和脲醛树脂之间。MUF 因三聚氰胺的价格远高于尿素，故其使用范围受到了一定的限制。

1. 配方实例（表 5-10）

表 5-10 MUF 配方实例

原料	纯度	重量比
三聚氰胺（1）	工业级	10
三聚氰胺（2）	工业级	30
甲醛	37%	100
尿素（1）	98%	28
尿素（2）	98%	5
氢氧化钠	30%	适量
甲酸	甲酸：水＝1：2	适量
三乙醇胺	工业级	适量

2. 合成工艺

①将甲醛液加入反应釜中，然后加入尿素（1）、三聚氰胺（1）；

②30～40 min 内升温到 80～90 ℃，用三乙醇胺调 pH 值到 7.5，氢氧化钠水溶液调 pH 到 8.0；

③保温 40 min，用甲酸调 pH 至 6.0～7.0，测黏度直至黏度为 A；

④用 NaOH 调 pH 值至 8.8 左右，加三聚氰胺（2），保温（70～80 ℃），测黏度直至黏度为 B；

⑤开始冷却，在 70 ℃时加尿素（2）；

⑥继续冷却，使内温降至 40 ℃出料。

3. 性能指标

外观：透明黏液；

黏度（涂 −4 杯，温度为 30 ℃时）(s)：100～150；

固体含量（%）：50～55；

游离甲醛（%）：0.1～0.3；

贮存期（d）：10。

（五）聚醋酸乙烯乳液胶黏剂（PVA$_C$）

聚醋酸乙烯酯是由醋酸乙烯单体经聚合反应而得到的一种热塑性聚合物。按其聚合方式不同分为溶液型和乳液型两种，其中乳液型因具有无公害，对木材和木制品的胶接具有强度高及耐久的特点，因而运用广泛。聚醋酸乙烯乳液亦称聚醋酸乙烯酯均聚乳液，简称 PVAc 乳液，俗称"乳白胶"或"白胶"。

聚醋酸乙烯乳液胶黏剂为白色或乳酪色的黏稠液体，呈微酸性，能溶于多种有机溶剂，并能耐稀酸稀碱，但遇强酸强碱会引起水解而形成聚乙烯醇，但是具有良好的、安全的操作条件。常温固化速度较快、初期胶合强度高，使用简便、固化后胶层无色透明、胶层韧性好不易损坏刀具，但耐水性、耐湿性及耐热性差，冬季低温条件下易结冻、长时间的连续的静荷载作用下胶层会出现蠕变现象。

目前，聚醋酸乙烯乳液胶黏剂主要用于木材加工中的科技木、胶合板用胶黏剂的改性、细木工板的拼接、单板的修补及拼接、胶合板的修补、榫接合以及人造板的二次加工等方面。建筑业中用作内部装修胶黏剂或用作乳胶漆。

第二节　胶压前加工

已漂染、干燥的单板胶压前的加工包括修补、分选和掺组工序。

一、单板修补

干燥后的单板有相当大的一部分存在天然缺陷和加工缺陷，如节子、虫眼、变色、矿物质线、裂缝等。修补主要是将单板中不符合标准要求的缺陷剔除。根据科技木生产标准的要求，部分缺陷经过修补后可提高单板的等级；一些损伤严重或存在大面积缺陷的单板，即使修补后也不能提高等级，就要将此部分缺陷剪去。

单板修补分挖补和挖除两种。

单板挖补是将单板上的死节、虫眼、变色、矿物质线等超过标准允许范围的缺陷用挖补机或人工挖去，再在孔洞处嵌补补片。单板挖补方式有机械冲孔和人工挖孔两种。科技木生产一般采用人工挖孔修补单板。人工挖孔修补单板是人工用刀片在单板上呈船形或椭圆形挖去缺陷，然后将周边涂有强力胶的补片嵌入补孔，用刀背压平，也可将补片直接嵌入补孔中，用胶纸带粘住。单板挖修时，补片尺寸应与补孔大小一致，纹理方向与单板纹理方向一致，色泽与单板相近，胶纸带应垂直单板纹理粘贴，以减少科技木刨切薄木板面上色差和胶纸带痕迹的出现。为了使胶纸带与单板的颜色匹配，胶纸带多为特殊制作的白色或黄色无孔封边胶纸带，宽度较窄，一般在 9 mm 左右，如果胶纸带较宽，在科技木加工产品中易出现胶纸带痕迹。另外，可以特殊定作其他颜色的胶纸带，修补单板时，根据单板的颜色选用色泽相近的胶纸带粘贴补片。

单板挖修时补片与单板之间会存在一定的缝隙，一般约0.2～0.5 mm 宽，布胶后，该缝隙处易积胶水，形成胶线，并在科技木刨切薄木上体现出来，因此，生产一些外观品质要求较高的品

129

种时所用的单板通常采用缺陷先挖除后打磨法修补。

　　缺陷挖除是将单板上的缺陷直接挖除，不用补片修补。这种修补方式的目的是避免因挖补不吻合使科技木产品表面出现胶迹（即刀缝），影响产品的美观。单板缺陷挖除时应注意孔洞的周边必须是楔形的，如图5-3（a），即孔洞周边的单板厚度是渐变的，这样，单板布胶压合后，相互间吻合，不会出现图5-3（b）中的空隙，聚积胶水，使科技木产品表面出现因挖修不吻合而产生的胶迹。

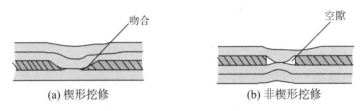

（a）楔形挖修　　　　　　　（b）非楔形挖修

图5-3　楔形挖修与非楔形挖修吻合度示意图

　　直接挖除法修补易产生"坡度痕"等加工缺陷，尤其在半径切纹理和弦切纹理体现明显。2004年，由维德木业研究开发了"打磨法"的修补，替代了传统的直接挖除法。打磨法的特点是在挖除的孔洞周边，用打磨机磨成一定的坡度，使单板在布胶压合时，上下面单板自然过渡，避免了空隙和孔洞痕迹，使弦切纹理科技木更加美观自然。

　　实际生产中，根据生产品种的需要，可灵活采用上述单板修补方法。如科技木莎比莉等径切纹理类产品和科技木橡木等半径切纹理类产品采用胶纸带粘贴补片方法修补单板；科技木黑胡桃等弦切纹理类产品采用胶水粘贴补片的方法修补单板；猫眼、树根类采用缺陷挖除后打磨的方法修补单板。

二、单板分色

　　同一批单板漂白或染色后，色泽会存在一定的差异，根据单板色泽差异程度将单板按浅、中、深分成三到五类，每一类单板的色泽基本一致。配坯时按照科技木品种配坯的设计要求和方程选择单板色泽和种类，并将单板按比例掺组，保证同种科技木纹理和色泽协调稳定。

目前，单板分色通常为人工分色，分色要求在自然光照（或类似自然光的灯照）条件下进行，避免阳光直射对人眼色觉的影响；分色时要求分色员眼睛距离板面30～50 cm观察为准，采用对比的方法将颜色分成深浅不同的类别。分色质量的好坏直接影响着科技木的色泽均匀性和材色质量。由于人与人之间辨色的差异，通常要求某一分色员固定对某几种颜色的单板进行分色，以保证分色的质量和工作效率。

三、单板配坯

1. 配坯方程

单板配坯是形成科技木设计装饰纹理的重要条件。科技木品种不同，其配坯方式也不同。配坯方程的设计有两种情况，一种是仿生设计，即仿天然珍贵木材纹理和色泽，选择单板色泽并设计配坯方程；另一种是创新设计，即通过想象，创造出其他极具装饰效果的纹理，并设计出配坯方程。通常径切纹理的配坯方程较半径切、弦切纹理的配坯方程简单。简单的配坯方程是两种或两种以上不同色泽的单板按1：1的比例配坯，如科技木栓木是漂白板（W）和棕色单板（B）按1：1的比例配坯的，配坯方程式为：1（W）＋1（B）＋1（W）＋1（B）＋…。纹理稍复杂的科技木品种是用不同色泽的单板按不规则的比例进行配坯，如科技木黑檀是黑色单板（D）、灰色单板（G）和棕红单板（BR）三种颜色的单板按不规则的比例配坯的，配坯方程式为：2（D）＋1（G）＋2（D）＋1（BR）＋2（D）＋1（G）＋1（BR）＋…。

另外，一些纹理复杂的科技木品种，第一次配坯形成的木方，经刨切后的薄木纹理不能达到预期的设计效果，为了使其纹理达到预期设计的效果，并更趋于自然，需再次将第一次配坯所形成的薄木与单板进行配坯，配坯后的板垛胶压成木方，经刨切后的薄木方可达到预期设计的纹理效果，如科技木泰柚是由黄色单板（Y）和灰色薄木（GV）按1：1比例进行配坯的，配坯方程为1（Y）＋1（GV）＋

131

1（Y）＋1（GV）＋…。图 5-4 是仿生设计的天然木薄木与科技木薄木效果对照。

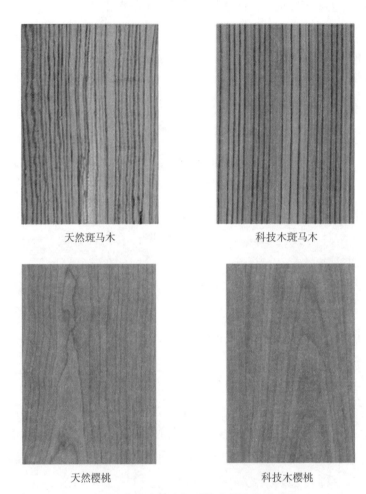

天然斑马木　　　　　　　　　　　科技木斑马木

天然樱桃　　　　　　　　　　　　科技木樱桃

图 5-4　天然木薄木与科技木薄木效果对照

2. 单板配坯张数

科技木毛方主要加工成木方、锯材和薄木三大类。在设计与加工过程中，毛方的规格尺寸直接影响了其加工产品的规格，如木方的高度直接影响径切和半径切纹理科技木薄木的幅面尺寸。又如科技木毛方的规格尺寸影响了锯材的最大出材率，尤其对径切锯材来说，毛方的高度与设计计算的高度是否一致，直接影响了锯材的最大出材率。

因此，在单板配坯时，根据单板的厚度、板坯的压缩率以及最终产品的规格计算出配坯时单板的使用张数，可节省原材料，降低生产成本。一根科技木木方配坯时所需单板张数可通过公式 (5-2)计算得出。

$$N = \frac{S}{\bar{d} \times (1 - \triangle)} \qquad (5\text{-}2)$$

式中：N——配坯的单板张数，pcs；

　　　S——设计的木方高度，mm；

　　　$\bar{d}$——单板的平均厚度，mm；

　　　$\triangle$——板坯压缩率，%。

第三节　胶压成型

一、单板施胶

单板施胶是将一定数量的胶黏剂均匀地涂布到单板表面上的一道工序。单板胶合面之间应有一层均匀连续的胶层。施胶方法和施胶设备的选择、施胶量和施胶温度的控制是影响均匀胶层的形成，保证胶合质量的重要因素。

1. 施胶方法

单板的施胶方法按胶的状态可分为干法和湿法两种。干法是用胶膜纸通过热压机热压将单板胶合在一起。此法成本较高，很少在科技木生产中使用。湿法是指液体胶黏剂涂布于单板表面，通过冷压或热压使单板胶合的方法。湿法施胶方法按设备可分为辊涂法、淋涂法、挤胶法和喷胶法等，选择时应根据所使用胶黏剂和实际生产工艺进行选择。科技木生产采用辊涂法施胶，其设备多用双辊筒施胶机和四辊筒施胶机。

辊涂法施胶分单面施胶和双面施胶两种。单面施胶设备简单、方法简便、对施胶环境要求较低，但施胶量不易控制，未施胶的一面在压合后容易缺胶，影响胶合强度。双面施胶胶量均匀，且胶量容易控制，施胶效率高，不易出现局部缺胶现象。

2. 辊筒施胶机

双辊筒施胶机结构简单，便于维护，但其工艺性能较差，胶量不易控制，单板不平易被压坏，效率也较低，在此不作详细介绍。其工作原理如图 5-5 所示。

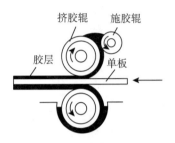

图 5-5　双辊筒施胶机工作原理

四辊筒施胶机（如图 5-6）在一定程度上克服了双辊筒施胶机上述缺点，增加了两个钢制的挤胶辊，挤胶辊的速度比施胶辊低15%～20%，起着刮胶的作用，它与施胶辊间的距离是可调的，用以控制施胶量。由于四辊筒施胶机上、下同时供胶，所以施胶均匀性较好。施胶辊与施胶辊之间的距离可自由调节，其间距依据胶黏剂的黏度、施胶量大小、单板厚度进行调节。如果胶黏剂黏度偏大，则应适当增大施胶辊之间的距离，否则单板易卷曲缠绕在胶辊上，出现这种现象，应先停机后反转胶辊，退出单板，或小心用刀片划断单板，将单板拉出，注意避免刮破胶辊。

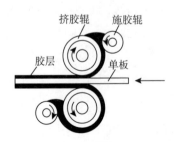

图 5-6　四辊筒施胶机工作原理

随着科技木生产技术的发展，胶合单板整张化，设计者们增加了四辊施胶机辊筒的长度，并在硬橡胶覆面的辊筒外加一层肖氏硬度40～60的软橡胶，施胶速度可达到90～100 mm/min，不但提高了效率，还增加了施胶的均匀性。

包有橡胶材料的施胶辊又称胶辊，一般有光辊和沟纹辊两种。光辊是指表面光滑平整、无沟纹的胶辊，具有易加工、易保养、施胶量均匀等优点，适合用于表面光滑平整，施胶量小的单板施胶，如图5-7（4）所示。沟纹辊是指橡胶表面有车制的沟纹，沟纹的种类如图5-7（1）～（3）所示。沟纹辊适合用于表面较粗糙的单板施胶，其施胶量均匀，但胶辊磨损较大。因此，生产中应根据生产工艺、单板状况和胶黏剂类型合理选择胶辊的类型。

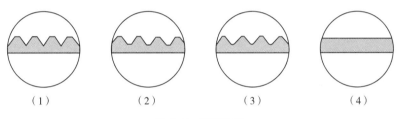

（1）　　　　　　（2）　　　　　　（3）　　　　　　（4）

图 5-7　胶辊种类

施胶机在施胶过程中，胶辊旋转圆周的精密程度，胶辊的质地，胶辊沟纹的形状、宽度和深度直接影响了胶辊施胶的均匀性。

为了保持施胶机良好的工艺性能，应注意保养，避免尖锐器刮伤胶辊，防止在停机状态下挤压胶辊，导致胶辊变形。使用时注意均等使用胶辊轴向的各个部位，防止施胶辊的不均匀磨损，定期用温水清洗，如遇局部固化可用3%～5% NaOH溶液和毛刷去垢，辊筒沟纹有一定磨损要重新修复，这样才能保证施胶量和施胶的均匀。

3. 施胶量

科技木生产时，通常采用双面布胶方式。施胶时，胶量大小应适宜，胶量过大，胶层增厚，应力增大，胶合强度下降，生产成本提高；施胶量过小，易缺胶，胶合面不易形成连续胶层，胶合强度不足。施胶量的大小是由胶种、树种、单板厚度和板面光滑度决定

135

的，通常施胶量大小与单板的厚度成正比，与板面的光滑度成反比。脲醛树脂胶施胶量一般为 $100\sim200\ g/m^2$（两面）。施胶量可以采用公式（5-3）计算。

$$\overline{W}=\frac{\sum W_1-\sum W_0}{\sum S}\qquad（5-3）$$

式中：$\overline{W}$ ——平均施胶量，g/m^2；

$\sum W_0$ ——施胶前单板的总质量，g；

$\sum W_1$ ——施胶后单板的总质量，g；

$\sum S$ ——施胶单板的总面积（双面计算），m^2。

施胶量的大小可以通过调节上下两级挤胶辊的间距进行，需要对单板上面或下面进行微调时，可以通过调节挤胶辊与施胶辊的紧密程度来实现。根据现代胶合理论，在保证单板表面不缺胶的情况下，施胶量越少越好。

4. 施胶温度

科技木生产的胶黏剂可以采用冷压胶，如改性脲醛树脂胶、异氰酸酯胶、改性三聚氰胺胶等；也可以采用热压胶，如改性脲醛树脂胶和改性酚醛树脂胶。

科技木采用热压胶生产时，施胶环境的温度无特殊要求。但采用冷压胶生产时，施胶环境的温度要求较严格，一般在 $18\sim30\ ℃$，温度过低，胶黏剂的固化时间延长，胶合强度降低；温度过高，胶黏剂黏度快速增加，提前预固化，工人的作业环境恶劣，作业效率降低。冬季，温度低于 $18\ ℃$ 时，应考虑在施胶前加热单板或向施胶区供热，提升施胶区的空气温度，确保科技木的胶合强度。

二、胶压成型

1. 单板组坯及装模

预先配坯好的单板涂胶以后，按设计要求组成板坯，然后装模，最后送往压机压合。

（1）装模目的

装模的目的是将施胶后的板坯在模具中被压合，使单板坯在模

136

具形状的作用下胶合形成各种形状的科技木毛方。这些不同形状的科技木经后序加工后可获得预先设计的装饰纹理。

（2）模具类型

模具类型按制造模具的材料分钢模、木模和注塑模；按模具的表面形状分平面模和曲面模。

平面模表面平整，常用钢材制作，主要用于径切和半径切科技木的胶压成型。

曲面模表面凹凸不平，呈波形纹，有钢模、木模和注塑模，多用于装饰纹理为曲线的科技木的胶压成型。科技木装饰纹理的形状和花形大小主要取决于模具表面凹凸纹的形状和幅度。波形幅度小的凹凸面模具压出的木方，经制材或刨切所获得的装饰纹理弯曲多变，且花形较小，反之亦然。

曲面模具表面凹凸纹的幅度不仅影响科技木装饰纹理的形成，还影响制作木方的高度。由于木方越高，其中间部分受上下模具压力互动的影响越小，木方的凹凸程度就越小，整根木方的装饰纹理就很难达到一致性。为解决这一问题，在布胶过程中，每垛单板需分开压合 3～5 次，每次压合时间为 1～4 min。幅度为 5～10 mm 的波纹模具，一次性可供压制 3～30 张单板，每张单板的厚度应在 0.5～1.0 mm 之间。

曲面模具的形状有规则的山形波纹和不规则凹凸波纹，如图 5-8 所示。每套模具均有上模和下模，且模具表面波纹凹凸相互对应。

山形波纹模具　　　　　　　　不规则凹凸波纹模具

图 5-8　曲面模具形状

2. 加压成型

施胶组坯后的单板在加压条件下固化形成科技木毛方的过程通常又称科技木胶压成型。根据是否对板坯加热，科技木胶压成型有热压成型和冷压成型两种方法。

热压成型法是指单板涂胶后在加热、加压条件下胶合。加热介质有蒸汽、导热油等。现代化木材加工厂多采用高频加热法使板坯固化成型。高频发生器是板坯高频加热成型的热动力源，其原理是将工件置于电极间（电子管自激振荡器），在电场的作用下，将工频电源变成高频高压电源。此时，工件中的电介质的分子一般有两种运动：一种是可极化分子做相对的位移，形成两极，称为介质的极化；另一种是有极分子发生扭转。显然，如果把介质（工件）放在交变电场中，它们中的可极化分子则随电场来回运动。因此，它们与周围的分子和离子产生高速摩擦和碰撞，摩擦和碰撞就会生热，生热就需要能量，能量是由电能转换而得。所以，高频发生器加热不同于传导和辐射，它能使工件在加热过程中，快速受热，且加热均匀，生产周期缩短，产量增加。同时也可对木材进行改性，提高产品品质。缺点是需增配专用模具，而且在加热过程中，板坯内部的温度不易测量，对胶合强度有一定的负面影响。

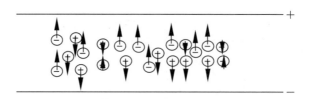

图 5-9　某一时刻电场极化分子移动情况

图 5-9 是高频发生器某一时刻电场极化分子移动情况，⊖⊕为极化的分子，在交变的电场（频率为高频发生器的振荡频率）作用下，来回运动，相互摩擦产生热量。以 DX-2068S-Ⅱ型高频发生器（图 5-10）为例，其功能方框图如下：

技术参数：

 1. 电源：交流电 380 V 50 Hz 三相四线制

 2. 输入功率：30 KVA

 3. 振荡功率：≤20 KW

 4. 振荡中心频率：6.78 MHz

 5. 整机效率：良好匹配状态下≥50%

 6. 负载形式：平板电容式

 7. 输出调节方式：手动真空可变电容

 8. 电磁辐射及防护：符合 GB8702－88 标准

 9. 工作环境：湿度≤85%

     温度＋（10～35）℃

     大气压力 86～106 KPa

  工作地点不能有粉尘、腐蚀性气体、易燃易爆物品，附近不能有强烈震动、冲击的设备。

 10. 设备体积：1 050 mm×950 mm×1 700 mm

图 5-10 DX－2068S－II 型高频加热发生器

  由于木材为热的不良导体，传热慢，采用热压成型法时，板坯不宜太高，否则板坯内部受热不均，会影响胶合强度。

  目前，科技木生产多采用冷压成型法。冷压成型法是指单板涂胶后在室温下加压胶合。对于使用模具成型的科技木，应将涂胶组坯后的板坯与模具一起在压机中进行加压胶合。冷压成型法的特点是不需配置专门的加热设施，操作工艺简单、方便；缺点是生产周期长，需要大量的保压设施。保压设施可采用木方上下放置承压钢板然后加压至设定值，通过螺杆将上下钢板固定，以达到保压效果，如图5-11所示。

图 5-11 螺杆保压示意

采用冷压成型法板坯胶压压力一般为（5～10）×10⁵ Pa，冷压时间为 6～24 h，固化时间为 2～3 d。

胶压过程中，随着压力的变化板坯的高度发生变化，这一高度变化称板坯的压缩率，其计算公式如（5-4）。

$$\triangle = \frac{QD - H}{QD} = 1 - \frac{H}{QD} \tag{5-4}$$

式中：$\triangle$——板坯压缩率，%；

　　　Q——组坯单板张数，pcs；

　　　D——组坯单板平均厚度，mm/pcs；

　　　H——科技木木方成型、卸压后的高度，mm。

板坯胶压时使用的压力与单板树种、科技木品种和受压面积有关，压力可按式（5-5）计算得出。

$$P = k_1 k_2 k_3 \frac{S}{S_0} \tag{5-5}$$

式中：P——板坯胶压时使用的压力，Pa；

　　　k_1——树种系数；

　　　k_2——品种系数；

　　　k_3——单位面积上的压力，5×10⁵ Pa；

　　　S_0——单位面积，一般以 680 mm×2 540 mm 为 1 个单位面积；

　　　S——受压面积，m²。

例如，原材料为白梧桐树种，受压面积为 680 mm×2 540 mm 的单板垛，制作径切纹理科技木木方时，胶压压力为 5×10⁵ Pa，则同材料，受压面积为 340 mm×2 540 mm 的单板垛，制作径切纹理科技木木方时的胶压压力为 2.5×10⁵ Pa。同理，已知原材料树种系数、科技木品种系数，就可以计算出任意受压面积单板垛的胶压压力。

冷压设备多采用单层上压式冷压机（图 5-12）。国内设计间隔高度 1.0～1.5 m，最大单位压力 1.5 MPa，总压力 450 t。图 5-13 为冷压机结构示意图。

图 5-12　单层上压式冷压机

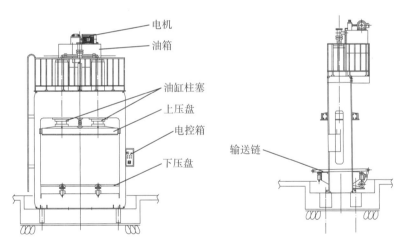

图 5-13　冷压机结构示意

141

第六章 制材、刨切及干燥加工

科技木成型后，若要得到科技木锯材，需要经过断截、裁边、剖分、干燥等工序；若要得到科技木薄木，则需要进行断截、裁边、封端、刨切、干燥等工序。另外，一些科技木的花纹图案不能一次成型，还需要在剖分或刨切后进行再胶合或再次重组。

第一节 制　　材

胶压成型的科技木毛方经过不同的方式锯制可得到端面平整、四面净的科技木木方或锯材，这种锯制过程称为科技木制材。

科技木制材主要包括断截、裁边和剖分。

断截是垂直科技木木方长度方向，锯掉两端毛刺部分，得到平整端面。端面平整有利于封端，保证封端质量。科技木木方截断的长度一般有 2 200 mm、2 500 mm、2 800 mm 和 3 100 mm，其中以 2 500 mm 最常用。断截设备主要是断木机和带锯机。

裁边是用带锯机将科技木毛方四面毛刺或不平整部分锯割掉，得到四面净的木方。

剖分是将四面净的科技木木方，锯制成板块或楔块。剖分有平剖和角度剖分。平剖是平行于科技木长度方向锯制，角度剖分是指按一定的角度沿科技木纵向或横向锯制。

一、制材工艺

根据不同的制材工艺，科技木毛方可锯制成木方和锯材。

木方主要是用于刨切装饰薄木，对设计纹理的装饰效果的要求相对较高。锯材主要是用于制作木线、窗门等框架，对装饰纹理的要求相对较低，但对胶合强度要求较高。因此，在原材料分选、配坯和胶压时，就可分别生产供加工成锯材和木方的科技木毛方，以合理利用原材料，降低生产成本。

木方的制材工艺流程如下：

毛锯材的制材工艺流程如下：

科技木毛方未制材前预先设计的装饰纹理均显现不出来，制材后，部分品种的设计纹理可直接在木方的锯制表面上体现出来，部分品种的设计纹理则需要将第一次锯制的板块胶合或胶合后再次锯制，方可体现出来。在毛方锯制过程中，以何种方式锯制才能在木方待刨切面上体现出预先设计的装饰纹理就非常重要。

根据锯割方式和装饰纹理形状，科技木可分为径切科技木、半径切科技木和弦切科技木。

1. 径切科技木

径切科技木主要是沿木材纤维方向，平行于单板配坯方向锯割而成的，其锯割方向如图 6-1 中 OA 所示。木方刨切面上的纹理为预先设计的径切纹理，如图 6-2 所示，刨切薄木的宽度即为单板配坯高度。

2. 半径切科技木

半径切科技木主要是平行于木纤维方向与单板配坯方向成一定角度（90° < α < 180°）锯割而成的，其锯割方向如图 6-1 中 OC、OD 和 OE 所示。木方刨切面上的纹理为预先设计的半径切纹理，其纹理较径切纹理宽，如图 6-3 所示。

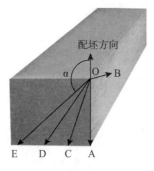

图 6-1　径切科技木

图 6-2　径切纹理

图 6-3　半径切纹理

3. 弦切科技木

弦切科技木主要是根据花形的不同和设计纹理的需要，平行于弧形最高顶点处切线方向与木纤维方向成一定角度（0° ≤ α < 90°）锯割而成，锯制角度大，则弦切纹理的条数多，花形较宽大，角度小则弦切纹理的条数少，花形较狭长。其锯割方向如图 6-4（a）中 OA

所示。木方刨切面上的纹理为预先设计的弦切纹理，如图6-4（b）所示。

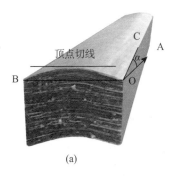

(a)   (b)

图 **6-4** 弦切科技木

二、制材设备：断木机和带锯机

1. 断木机

科技木断截设备有手动链锯、带锯机和断木机。目前部分生产厂家采用为科技木断截而设计的专用断木机，如图6-5所示为维德集团与台湾金祥机电公司合作，根据科技木生产特点和特殊要求设计制造的断木机。

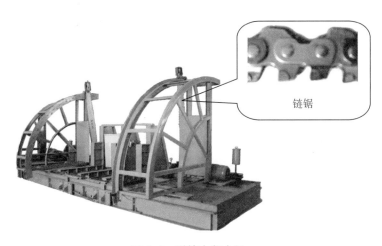

图 **6-5** 科技木断木机

145

该断木机的特点是木方两端可以同时断截，断截长度可在 1.5～3.5 m 之间自由调整；断截后木方端面平整、光滑，与长度方向的垂直精度高；链锯导向板具有固定的导轨，锯切时导向板不偏斜、不抖动，从而延长了导向板的寿命，保证了木方锯割端面的平整度和垂直度。

具有导向轨的手动链锯也可用于科技木的断截，如图 6-6 所示。

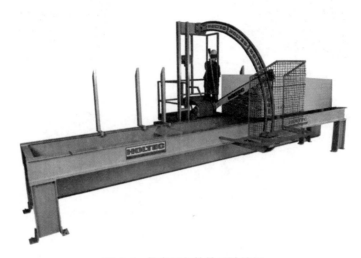

图 6-6 具有导向轨的手动链锯

2. 带锯机

带锯机种类很多，常见的有立式带锯机和卧式带锯机两种。立式带锯机基本上用于科技木的裁边，卧式带锯机既可用于科技木裁边，又可用于科技木的剖分。图 6-7 是德国卡拉里（Canali）公司与维德集团合作为科技木木方的制材而专门设计制造的 TBSH1400 型卧式带锯机。

其主要特点是：

（1）跑车上的工作台具有在水平面上前倾、左倾或前、左倾同时进行的功能，控制台上可以显示倾斜的角度，实现对科技木木方有角度地进行剖分，使剖分出的科技木木方或板材的设计纹理面达到预期效果；

（2）运用红外线画线下锯法，可大大提高锯解精度和板材出材率；

（3）主、从锯轮可沿垂直于地面的轨道同时上、下移动，实现进给和复位工作；

（4）跑车还可沿水平地面上的轨道垂直于锯轮进给方向作往复运动，实现对木方的剖分工作。

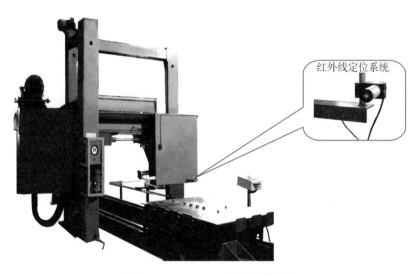

红外线定位系统

图6-7　TBSH1400型卧式带锯机

三、封端处理

锯制后的木方或锯材，其端面一般要用封端材料进行封闭处理。封端的目的有以下几方面：①防止木方和锯材端部水分过度蒸发而产生端裂；②避免刨切后薄木被撕裂；③防止薄木中的水分从两端散失，造成端部破损；④利于薄木的运输和贴面加工。

1. 聚氯乙烯薄膜封端

聚氯乙烯薄膜价格低廉、耐水性能好，并且具有一定的柔韧性。封端时采用专用的封端设备，将聚氯乙烯薄膜先加压紧贴在木方的两端，再加热，待聚氯乙烯薄膜熔化后冷却，聚氯乙烯薄膜就牢固地粘贴在木方的两端面。这种方法不需要使用其他胶黏剂，成本较低，工艺简单，封端效果好，不易脱落；缺点是需配备专门的封端设施，且对科技木两端面的平行度和平整度要求较高。封端设备如图 6-8 所示，热压板可以在导轨上移动，实现对不同长度木方的封端，热压板工作时通过油缸来施加压力，使木方封端牢固。

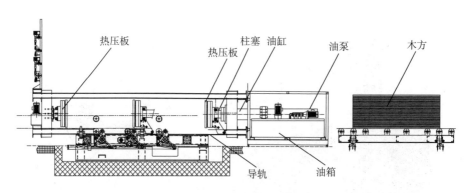

图 6-8　加热封端装置

2. 热熔胶封端

热熔胶封端工艺简单，使用方便，封端效果好，耐水性好。作业时，只需将热熔化后的热熔胶均匀地抹在科技木木方或锯材的端面，自然冷却固化后即可。热熔胶封端的缺点是科技木木方封端后刨切的薄木用于人造板热压贴面时，热熔胶易粘在热压板上，污染薄木装饰板表面。因此，该方法不宜用于刨切薄木的科技木木方的封端。

3. 聚氯乙烯胶片和胶黏剂封端

聚氯乙烯胶片比聚氯乙烯薄膜厚度要厚，一般在 0.8～1.0 mm。胶贴时采用以聚异氰酸酯为交联剂的氯丁橡胶胶黏剂进行冷压胶贴，胶合强度大，耐水性能好，胶层柔软，胶合时间短，胶合后应力小，胶合工艺简便。用氯丁橡胶贴聚氯乙烯胶片时，其胶合强度与聚氯乙烯胶片中的增塑剂含量有关，增塑剂含量越高，胶合强度就越低。

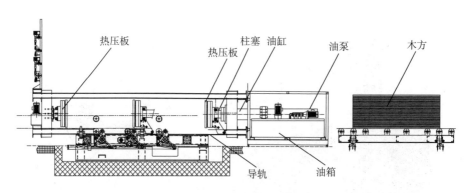

图中标注：热压板　热压板　柱塞　油缸　油泵　木方　导轨　油箱

4. 薄木封端

对封端要求不高的科技木也可采用薄木封端的方式进行封端。采用的胶种为热压胶或水性胶，如异氰酸酯胶黏剂。选择胶种时应考虑操作的简便性和固化时间的长短，薄木的厚度一般在 0.5～1.0 mm。采用热压胶时可以采用聚氯乙烯薄膜封端方法的加热设备，其操作要求与注意事项相似，同时还应注意，封端薄木的纤维方向应与木方刨切方向一致。

第二节　薄木刨切

锯制后的科技木木方一般为规则的长方形或平行六面体，刨切时夹紧简单，刨切平稳，刨切质量好，制材后其中具有预先设计纹理的一面为刨切面。

一、刨切的基本原理

1. 切削条件

刨切薄木的切削条件主要为刨切刀的研磨角（β）和切削后角和压榨程度（如图 6-9）。不同类型的刨切机其参数略有不同，以意大利 CREMONA TN28 卧式倾斜型刨切机为例，刨刀厚度为 15 mm，一般切削条件为：$\beta=19°$，$\alpha=1°\sim2°$；$\delta=\beta+\alpha=20°\sim21°$。可得：

$$\triangle=\left(\frac{d-d_0}{d}\right)\times100\%$$

$$c=d_0\sin\delta \qquad\qquad (6-1)$$

$$=d\times\left(1-\frac{\triangle}{100}\right)\times\sin\delta$$

式中：d——薄木名义厚度；

　　　　$\triangle$——压榨程度一般为 10%～15%。

如果 d、$\triangle$ 和 δ 已知，则可根据上面公式求出 d_0 和 c，然后以 d_0 来调节压尺和刨刀的相对位置，最后检查水平距离 c。

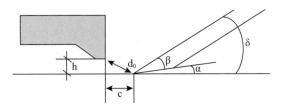

图 6-9　刨刀与压尺的配置

h. 压尺压棱距刨刀刀刃水平面的垂直距离（mm）；
d_0. 压尺压棱与刨刀刀刃之间的间距（mm）；
c. 压尺压棱与刨刀刀刃之间水平距（mm）；
δ. 切削角；
α. 切削后角

2. 薄木刨切的基本原理

（1）薄木最小厚度的确定

为降低成本，充分利用科技术的设计纹理面纹理，提高薄木产出率，合理地确定科技术薄木的厚度有着重要意义。确定薄木厚度的主要因素为：①薄木贴在基材上时，胶液不允许从薄木中透出，即透胶；②在搬运、加工和使用薄木时，处理方便，不易破损；③在进行涂饰之前，允许进行磨光等表面处理；④根据贴面要求决定刨切厚度。

（2）刨切方向

正确地确定刨切方向对于提高薄木质量、作业效率、出材率以及保护刨刀等方面有重要作用。以卧式倾斜刨切机刨切为例，通常木方做垂直于刨切方向的进给运动，每次垂直进给量等于刨刀的切削量，即刨切薄木的厚度。刨切刀沿刨切机的导轨做往返式切削运动，一般刨切刀刀刃要与木方的纵向成一定角度，这样刨切刀可以从木方的一角逐渐切入，减小了切削阻力和切削时的振动。根据切削方向相对于科技术纤维方向的关系，可以分为纵向（顺纹）刨切和横向刨切。当纵向刨切时，刨刀应顺纤维方向刨切，即刨刀运动方向与纹理面纹理倾斜方向之间夹角越小越好。当横向刨切时，刨切面与刨刀运动方向之间的夹角接近 0° 或 180° 时刨得的薄木表面质量最好。

（3）刀刃与木材纹理方向之间的夹角

当横纹切削时，为减少刨切的初始切削阻力，使刨刀从无冲击状态进入切削状态，提高刨切质量，刨刀刀刃应与刨切面成一定角度安装，一般为 10～15°，夹角越大则切削功率越大。纵向切削时，为了减小切削开始时的冲击力，刨刀刀刃也应同木纹方向之间夹角小于 90° 安装。

二、刨切机

刨切机种类较多，但归纳起来可分为两大类：顺纤维刨切（顺纹刨切）和横纤维刨切（横纹刨切）。顺纹刨切机刨出的薄木表面平滑，木方长度可不受限制，占地面积较小，但生产率较低，薄木易卷曲，一般不适合于大批量的薄木生产工厂使用。横纹刨切机生产率较高，是目前应用最广的一类刨切机。

1. 横纹刨切机

横纹刨切机可分为立式、卧式和倾斜式刨切机。立式刨切机的工作特点是夹紧装置夹住的木方作垂直方向的往复运动，而刨刀作周期式直线进给运动（在水平方向上）。此类刨切机是在垂直于水平方向上切出薄木，所以不太适合于大幅面科技木薄木的刨切，较适合于天然薄木或染色薄木的刨切。这类刨切机在北美洲应用较广泛。

2. 卧式刨切机

卧式刨切机在水平面上切削，由刨刀（或木方）来完成主要工作运动（往复运动），木方或刨刀完成进给运动（在垂直面上运动）。目前出现了一种刨切机为木方固定在刨刀上方，刨刀从木方底部进行刨切，使薄木的松面朝上输出。这种刨切机不但适合于天然薄木或染色薄木的刨切，还适合于大幅面（如 1 360 mm×2 540 mm）的科技木薄木刨切，可实现薄木机械化输送而不受损伤。图 6-10 为台湾卧式刨切机。

151

图 6-10　台湾卧式刨切机

3. 倾斜式刨切机

倾斜式刨切机是一种立式和卧式相结合的新型的刨切机，可分为卧式倾斜刨切机和立式倾斜式刨切机。立式倾斜刨切机工作原理与立式刨切机相似，只是木方往复运动与铅锤线之间有一个夹角，一般夹角为 10°。这种刨切机在刨切木方时，木方架的重力分力始终作用于导轨上，从而提高了刨切薄木的精度。卧式倾斜刨切机的刨刀运动方向与水平面之间夹角为 25°，图 6-11 所示为意大利 CREMONA·TN28 型卧式倾斜刨切机，刨切时，木方固定（仅作进料运动），刨刀作主运动（往复运动）。其主要特点为：切削时由刀床惯性往下冲，使刨刀受力平稳，提高了切削质量；换刀方便。该刨切机的结构示意见图 6-12。

图 6-11　意大利 CREMONA·TN28 型卧式倾斜刨切机

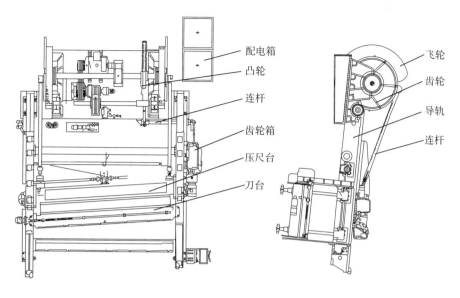

配电箱
凸轮
连杆
齿轮箱
压尺台
刀台

飞轮
齿轮
导轨
连杆

图 6-12 倾斜式刨切机结构

第三节 干 燥

生产过程中，含水率为 8%～16% 的单板经胶压后，含水率明显增加，部分布胶后的板坯含水率可达 20%～40%，甚至超过 40%，其毛方加工后的锯材和刨切薄木的含水率一般也在 18%～35% 范围内，因而，需经过干燥以达到出厂要求。

一、薄木干燥

科技木薄木出厂时的含水率要求在 10%～28% 范围内。

厚度小于 0.3 mm 的科技木薄木一般采用气干方法干燥。该方法是将科技木薄木按标准规定的张数，同等级、同种类打包成件，置于打包架上，套上有孔塑料套袋贮存在通风干燥的仓库中即可达到干燥的目的。通过气干的方法来平衡薄木的含水率，简单、经济。0.5 mm 以上厚度的科技木薄木一般采用单板干燥机，其干燥方法与单板干燥方法基本一致，即用网带式进料或辊筒式进料的喷气式干燥机或纵向循环式干燥机进行干燥，其干燥工艺随薄木厚度不同而

153

改变，一般 0.7～0.8 mm 厚的薄木与单板的干燥基准相近，最终含水率可控制在 10%～16%；若微薄木（0.1～0.3 mm）因特殊要求需采用干燥机进行干燥，通常是数张薄木叠加为一组进行干燥，且干燥温度不宜超过 100℃，干燥后薄木的含水率应控制在 20% 左右，否则，薄木易碎裂和翘曲。

根据科技木薄木的外观质量通常将其分为优等、Ⅰ等和合格品，表 6-1 中列出了维德集团对优等和Ⅰ等薄木外观质量的要求。

表 6-1　科技木薄木的外观质量要求

缺陷明细		优等品	Ⅰ等品	合格品
孔洞		宽度不大于 1 mm，长度不大于 15 mm，允许 2 处	宽度不大于 2 mm，长度不大于 15 mm，允许 2 处	宽度不大于 2 mm，长度不大于 50 mm，允许 3 处
闭口裂缝	径切花纹	累计长度不大于 800 mm，允许	允许	允许
	非径切花纹	累计长度不大于 300 mm，允许	累计长度不大于 1 500 mm，允许	允许
局部脱落		15 mm² 以下，允许	30 mm² 以下，允许	100 mm² 以下，允许
污染		不允许	不明显，允许	允许
刀痕		不明显	不明显	允许
花纹偏差		与确定的样板对比不明显，允许	与确定的样板对比不明显，允许	允许
毛刺沟痕		轻微	轻微	允许

注：1. 面积在 mm² 以下孔洞不计；

　　2. 不明显——正常视力在自然光下，距重组装饰单板 0.4 m，肉眼观察不易识别；

　　3. 轻微——手感略粗糙。

二、锯材干燥

科技木锯材一般采用窑干的方式进行干燥。出厂时的科技木锯材含水率通常要求控制在 10%～14% 范围内。

良好的干燥质量，除了要求待干科技木本身胶合强度良好，无菌害侵蚀外，在窑干前若采取某些"预处理"，如：涂封和化学处理等，对干燥时间的缩短与干燥品质的提高亦有相当的好处。

科技木锯材自科技木毛方锯制下来时，含水率较高，由于气候条件的影响，长时间放置易产生变色、发霉和开裂等缺陷，为防止科技木锯材出现此种现象，应及时将已锯制好的锯材入窑干燥。由于锯材端部干燥较快，在贮存和干燥过程中均容易发生某种程度的端裂。若在制材之后立即将锯材端部涂封，即可防止端裂的发生。一般情况下使用防裂漆涂封，防裂漆不但具有防开裂的功能，还具有预防菌虫侵害的功效。

材端防裂漆因涂布温度、化学成分、软化温度、涂布方法、黏附力、涂刷次数、柔韧性和抗水性而异，故要求根据实际的生产需要而合理选择。

另外对于干燥尺寸较大而极易发生面裂与端裂的科技木锯材，窑干前可以用吸湿性化学药剂处理材面，使其表层吸收水分并保持湿润以缓和水分梯度和干燥应力，防止干裂发生。常用的吸湿剂有：普通食盐、尿素、尿素甲醛和二甘醇等。处理方法是将上述药剂的水溶液均匀喷洒于材面，或将药粉均匀撒布于材面，堆放一段时间，使药剂渗入材面后，再进行干燥。此种方法的缺点是材面存有部分不需要的化学药剂，会减弱锯材的强度、影响胶合以及加速铁钉或连接件的腐蚀。

1. 干燥基准表

干燥基准表是经试验精心统计、计算得出的干、湿球温度和风速（循环系统具有多段风速时）数据表。在干燥过程中，操作手可根据相关数据表逐步调整干燥窑条件，使被干材快速干燥而不致发生影响使用的干燥缺陷。

一般传统式干燥窑的窑干基准分为普通和特殊两种。普通基准是为正常运作的一般干燥所设计的；而特殊基准是为某一特殊目的而设计。如：经过化学处理的锯材。

窑干基准的条件的变化一般是以含水率的变化为依据，此种方法称为含水率基准。含水率基准又有两种形式：

（1）制订一系列组合完整的窑干基准，其条件由温和至剧烈，

155

使用时依照树种与材种干燥特性的分组来决定采用哪种基准。

（2）先制订周期性的干、湿球温度和木材含水率变化的基本数据表，再依树种与材种的干燥特性，将分表中某一等级的数据组合而成完整的窑干基准。

目前科技木锯材干燥含水率基准通常采用后者，如表6-2所示。

表6-2　40 mm厚弦切类科技木锯材干燥基准表

各阶段开始时的含水率 （%）	干球温度 （℃）	湿球差度 （℃）	相对湿度 （%）
30～25	40	35	70
25～20	40	35	70
20～17	45	36	55
17～15	50	40	55
15～13	52	40	50
<13	55	40	50

由于科技木的品种和品质要求不同，干燥基准表会不同。因此，干燥窑的操作手和管理人员在选用基准表时，必须要考虑科技木锯材的材性、用途、厚度、宽度和品质状况、允许的缺陷程度等，合理选用，适度修正，方能获得较佳的干燥效果。

2. 干燥窑的操作方法

一座设备完善的干燥窑，是否能充分发挥其功效，视操作手的运作状况而定。在干燥窑启动前与开始运作后，必须就基准表的选定、样板的运用、仪表的调整和木材的变化等进行周密考虑，才能在最短时间内干燥出含水率均匀而干燥缺陷少的锯材。其操作方法如下：

（1）启动前的准备包括：装窑完毕，防止气流短路的挡风板均应装设妥当；测定样板含水率，并将样板放置于材堆上预留的样板穴内；选定适当的干燥基准表，设定干、湿球温度控制指针；装置记录仪或自动记录控制仪表的记录纸。记录纸上应注明树种、材种、厚度、日期与基准表代号；调整湿球水盒供水量，换新湿球布套；风机轴承加油，调整马达皮带；启动干燥，开始暖窑。

（2）暖窑后，精确控制干、湿球温度，使干燥条件保持稳定。

（3）窑干过程中，操作手应每日定时称量样板，计算含水率的变化，检查干燥中各系统的运转状况是否正常，并依照基准表的条件适时调整干、湿球温度以及风机转速，定时换装记录纸，直到干燥结束为止。

（4）锯材已干至要求的最终含水率，经调节处理后，应就样板作好含水率和有关应力测试，而且对出窑后的材堆亦应随机选取试材作好同样的试验。

（5）窑干结束后，调节干、湿球温度差保持在 5℃，缓慢降温，直到窑内外温差在 20℃ 以内时再出窑。或在出窑之际短暂升高相对湿度，然后关闭所有蒸汽系统（加热和调湿）和循环系统，不作其他处理，直到冷却为止。

3. 锯材干燥缺陷

科技木原材料是木质单板，单板经胶压后，部分树脂胶进入木细胞壁内，树脂胶固化后，占据了水分的空间，增加了木材的塑性，因此科技木锯材的尺寸稳定性较好。但木细胞壁中仍有部分水分，水分蒸发，必然会引起收缩，并导致形体或尺寸发生变化，产生内应力，干燥条件若不适当控制，被干材可能会遭受严重损伤。根据经验，即使在可行的最佳干燥条件下，其内在应力仍会对干燥锯材的品质产生不利影响。干燥窑操作手和管理人员必须了解干燥缺陷产生的原因和有效的控制方法，才能将干燥缺陷降到最低程度。科技木锯材在干燥过程中存在以下缺陷：

（1）面裂与端裂：面裂与端裂统称为开裂。锯材干燥时，表层首先开始干燥，当表层含水率低于内层含水率时，形成水分梯度或内外层的含水率差异。若干燥继续进行，锯材表层的含水率低于纤维饱和点时，而内部的含水率仍高于纤维饱和点，这时内外产生应力差，从而导致面裂与端裂。采用温和的干燥基准，干燥前在锯材端部涂布防裂漆是有效的预防方法。

（2）弯曲：锯材板面横向或纵向出现的拱形的损害，使得锯材失去原来的平整的表面。弯曲分横弯和顺弯。横弯是指锯材板面横向弯曲；顺弯是指锯材板面纵向弯曲。

（3）翘曲：翘曲是一种不规则的弯曲，顺弯和横弯同时发生在板材上，使得锯材径向既弯曲又扭转。较薄的锯材干燥时容易出现这种情况。

（4）干燥不均匀：在材堆的长度、宽度和高度方向上锯材干燥后含水率不一致的现象。产生此现象的主要原因是干燥窑内的空气流动不良，以及加热器放热不均所至。

（5）隔条痕：隔条痕是指隔条下锯材中的水分被迫移动到邻近的材面，当自由水移动扩散时，某些水溶性的抽提物如糖类等成分被带至隔条两侧的蒸发带而沉淀，故而形成隔条痕。使用窄隔条（不超过 3 cm）而充分干燥过的硬木隔条，或采用软基准降低水分的移动速度，可减少或防止隔条痕的发生。

干燥后的科技木锯材应及时分等，包装、贮存在通风干燥的区域，如图 6-13 所示，避免长期置于空气中吸湿而影响科技木的干燥效果。

图 6-13　科技木的包装和贮存

第七章 模具设计

在科技术的生产中，模具起着举足轻重的作用，它决定了大部分非径切类产品的外观纹理。产品的纹理自然与否，能不能达到预期的效果，很大程度上受到模具的影响。传统的模具加工方式是手工制作，而传统的手工制作很难使加工后的同种科技术产品的生产模具形状一致，这对科技术产品批量化生产而言，无疑会影响产品纹理的一致性，造成不必要的损失。改变传统的手工制作方式，引入自动化制造技术，将计算机应用于模具的设计和制造中，不但可以使加工后的同种科技术产品的生产模具达到高度的一致性，稳定产品的质量，还可以缩短模具的开发周期和降低研发成本。

利用计算机实现高效率和高精度的自动化设计、制造和工程分析的方法称为 CAD/CAM/CAE（Computer Aided Design，计算机辅助设计）/（Computer Aided Manufacturing，计算机辅助制造）/（Computer Aided Engineering，计算机辅助工程）。之所以常常将它们合在一起是因为只有将它们有机地、统一地"集成"在一起，才能取得最佳的效率，从而成为一种从设计到制造的综合技术。

模具加工的主要技术工作流程如下：

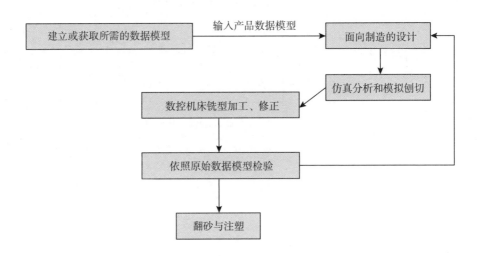

从计算机科学的角度看，设计和制造过程是一个信息处理、交换、流通和管理的过程。因此人们能够对产品从构思到投放市场的全过程进行分析和控制。

第一节　数据信息的收集与输入

科技木力求完美地再现自然界中珍稀而又极具装饰价值的树种，同时又能以无限的创意为人们带来新奇的感受，而这些主要取决于生产科技的模具。科技木模具的设计通常有两个方向：一是对天然纹理的仿生设计，它可以是自然界中现存的或是已消失的；二是以装饰性和流行性创造与潮流同步的新奇纹理。

通常依据所要达到的目的来收集原始的信息，主要是指对设计的源对象进行分析。仿生设计就是将较为贵重或稀有材种的天然纹理通过扫描仪或数码相机等设备输入计算机，如图 7-1 所示，通过对其分析和模拟，以普通的木材或速生材仿制出其色泽和纹理。也包括那些非木质材料所具有的花纹、图案，如：花岗岩、虎皮等。而创新设计是一种全新的创造，通过发挥人们的想象力去将理想的物质夸张化、现实化。

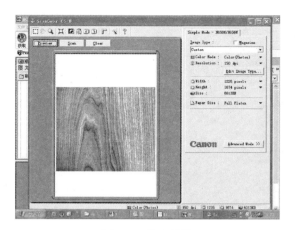

图 7-1　仿生设计

扫描和识别重建的基本步骤是：

（1）利用光电元件逐行扫描线画图（主要是高分辨率的彩色扫描仪）；

（2）去除噪声，即图纸上的污点、线条上的毛刺和断裂等，对线条进行细化，将多点宽度的线条通过侵蚀算法缩减到一个宽度，获得图形的骨架；

（3）矢量化，即从图像中找出所有线段，然后根据各线段之间的连接关系生成直线、圆弧、虚线和曲线等；

（4）校正图形，修补线条，生成某一 CAD 系统格式的绘图文件。

第二节　模具的三维造型

我们以橡木和樱桃树根的模具为例，介绍科技木模具的模拟设计开发过程。将经过扫描和重建得到的纹理源图输入 CAD 辅助设计系统，对其进行分析，再现出它们的二维纹理草图，如图 7-2。

可对二维草图进行适当地修改，删除或添加某些特征，根据不同的市场需求进行加工。模具的效果，主要在这一步确定。

在二维图形的基础上对木材的纹理进行分析和计算，以确定模具的深度和角度。

161

樱桃树根薄木

分析复制的樱桃纹理二维草图

橡木薄木

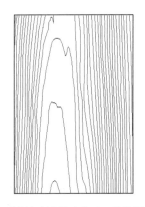

分析复制的橡木纹理二维草图

图 7-2　二维草图

如图 7-3，单板厚度 T、刨切角度 θ 和纹理的宽度 D 之间的关系为：

$$D = T/\sin\theta$$

模具的局部角度和深度就是由期望的纹理宽度和刨切时的角度共同决定的。基于二维的线条（纹理）模型，结合计算所得的结果，开始进行三维实体造型。实体模型在计算机内提供了对物体完整的几何和拓扑定义，可以直接进行三维设计，在一个完整的几何模型上实现模具的质量计算、有限元分析、数控加工编程和消隐立体图的生成等。

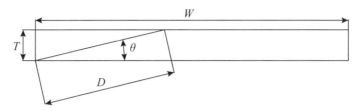

图7-3　模具的深度和角度

通过 CAD 软件中实体创建功能，创建模具的三维实体模型。常见的三维 CAD 软件有 SolidWorks 公司的 SolidWorks、Autodesk 公司的 AMD、EDS 公司的 UG、PTC 公司的 Pro/E、SDRC 公司的 IDEAS 等。这些软件从功能上均能实现复杂模具的建模，基于科技术模具自身的特点和需求，通常可采取以下两种方式建模。

（1）逐层建模，独立设计出不同层次的模具形状，然后通过实体编辑中的合并布尔运算，将各层次合并为一个完整的模具，如图7-4。这种方式较易实现数控加工，只需逐层加工成型，然后整合即可，层次间相对独立，可抽出修改或是删除取消。适用于层次鲜明，过渡简单的模型的创建。但是对于设计人员要求较高，要求能合理对模具进行分层，精确控制层次间的落差（即模具的局部深度）。

图7-4　逐层建模示例

163

（2）对实体块的特征参数进行编辑（如特征点、线、面等），自由变换，直接造型。这种方式适用于不规则表面的模具的造型和编辑（如树根类），可以方便地调节某一细节形状，易于调整和修改。但加工过程中，必须不断侦测被加工实体的三维坐标和形状参数，过程较为复杂。将三维实体以网格的形式进行编辑变换，如设计人员手中的橡皮泥，可任意塑造成型。图7-5是网格编辑状态的模型和经过编辑后得到的科技木模具的实体模型。

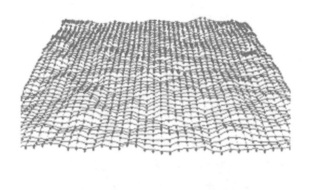

图7-5　网格模型和实体模型

第三节　木方的模拟刨切

在计算机中可实现科技木实体模型的仿真刨切和切片的纹理分析。

模拟木方的设计过程相对应上述的两种造型方法也有两种做法：一是以设计好的模具为原型，通过三维模型之间的布尔运算得到一厚度和单板相当的实体；二是通过自由变换成型的实体，只要将实体的厚度设成单板的厚度即得到一层单板。

赋予单板层相对应的颜色，然后用拷贝重叠的方式即可生成木方模型。在 CAD 系统中对木方进行模拟刨切，刨切过程中，可实时调整刨切平面的角度。

图 7-6 是组成橡木木方的单层结构和模拟刨切得到的样品。图 7-7 是组成樱桃树根木方的单层结构和模拟刨切后得到样品。

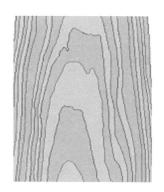

图 7-6 橡木单层结构及样品

图 7-7 樱桃木树根单层结构及样品

以得到的切片来验证模具设计的合理性和效果，据此提出修改或更新建议，返回到二维草图进行重新编辑，循环作业，直到得出满意的效果为止。

木方的模拟结果是在理想的状态下得到的，而实际的生产受环境、材料和设备等因素的影响很难达到完全一致的效果。但是在很大程度上模拟的结果已能反映出模具的效果，能够有效地减少生产成本和缩短试验周期。

通过 CAD 与 CAM 系统间的数据共享或编程，可实现模具的数控加工。

第四节　模具的加工

一、材料选择

科技木模具可以采用质地坚硬和性能稳定的木材经铣型加工而成，也可以将木模经翻砂浇铸成铁模或者注塑成塑模。它涉及热工学、工程力学等多方面的性能需求，因此需要考虑材料的综合性能以及工厂实际的加工能力来选择材料。目前工厂一般采用木质的材料来加工模具，因为它的加工和修改均较易实现，但也存在强度不足、使用过程中易变形等缺点。翻砂可实现批量的生产，但铁模加工成本高，而且损坏后不容易修复，所以目前应用较少；而塑模有快速成型和比木模更易加工等特点，正逐步取代木模，得到广泛应用。

二、数控加工

在完成前期的数据处理和后期材料的选择后，就进入了模具的数控加工。数控技术是指用数字的形式发出指令并实现控制的技术，简称 NC（Numerical Control），是一种可编程的自动控制方式。它所控制的量一般是位置、角度、速度等机械量，也有温度、压力、流量、颜色等物理量。这些量大小不仅可用数字表示，而且是可测的。数控编程是目前 CAD/CAM/CAE 系统中最能明显发挥效益的环节之一，其在实现设计加工自动化、提高加工精度和加工质量、缩短产品研制周期等方面发挥着重要作用。在诸如航空工业、汽车工业等领域有着大量的应用。数控编程是从零件图纸到获得数控加工程序的全过程。它的主要任务是计算加工走刀中的刀位点（cutter location point，简称 CL 点）。刀位点一般取为刀具轴线与刀具表面的交点，多轴加工中还要给出刀轴矢量。

数控编程的核心工作是生成刀具轨迹，然后将其离散成刀位点，经后置处理产生数控加工程序。目前比较成熟的 CAM 系统主要以两种形式实现 CAD/CAM 系统集成：一体化的 CAD/CAM 系统（如：UGII、Euclid、Pro/ENGINEER 等）和相对独立的 CAM 系统（如：Mastercam、Surfcam 等）。前者以内部统一的数据格式直接从 CAD 系统获取产品几何模型，而后者主要通过中性文件从其他 CAD 系统获取产品几何模型。然而，无论是哪种形式的 CAM 系统，都由五个模块组成，即交互工艺参数输入模块、刀具轨迹生成模块、刀具轨迹编辑模块、三维加工动态仿真模块和后置处理模块。CAM 系统以三维几何模型中的点、线、面或实体为驱动对象，生成加工刀具轨迹，并以刀具定位文件的形式经后置处理，以 NC 代码的形式提供给 CNC 机床。

通过数字命令控制的方式以实现自动化作业的装置，如数控的车床、铣床、切割机床、绘图机等，称为数控装置。图 7-8 是数控装置的基本组成框图。其中 1 为模具的图纸，作为数控装置工作的原始依据；2 为程序编制部分；3 为控制介质，可通过 CAD/CAM 系统将 CAD 设计的结果及自动编制的程序加以后置处理，直接输入数控装置；4 为数控系统，它是数控装置的核心，由微型计算机组成；5 为伺服驱动系统，它包括伺服控制线路、功率放大线路、伺服电机等执行机构；6 为坐标或执行的测量装置，前者用以测量坐标轴（如工作台）的实际位置，并将测量结果反馈到数控系统（或伺服驱动系统），形成全闭环控制，后者用以测量执行伺服电机轴的位置，并予以反馈，形成半闭环控制；7 为辅助控制单元，用于控制其他部件工作，如主轴的起停、刀具交换等；8 为坐标轴（常见如工作台）。

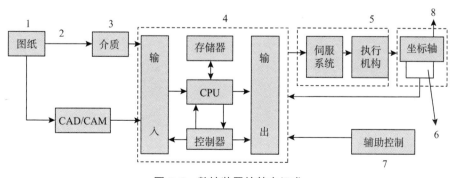

图 7-8　数控装置的基本组成

167

整个后续加工的重点在于程序的编制部分，可通过高级语言将刀位记录转换成数控指令代码，或是通过软件厂家为各种控制系统和不同布局的机床编制专用后处理程序输入数控装置，由数控系统来控制刀位轨迹与机床坐标以及回转角度等加工参数。

集成式数控设备可根据事先定制的参数精确地加工出成品。二次加工的统一性较高，不用担心前后模具的差异而影响产品的品质。图 7-9 是用数控机床加工出来的科技木模具。

图 7-9　科技木模具

科技木模具的开发设计是一个模拟与创新的过程，计算机在科技木模具的设计开发与制造中起到了信息收集、处理和加工过程控制三大作用。这是技术发展，生产和设计集成化的必然结果，随着科技木生产技术的不断改进，计算机的应用将更为广泛和深入。

第八章 刨切薄竹

我国是一个木材资源相对贫乏、竹材资源较丰富的国家，也是使用和研究竹子最早的国家。我国生产的竹制品，历史悠久，品种繁多，如竹篾编制的人物、动物；竹竿制作的笛、箫等管弦乐器；竹竿、竹叶编制的凉帽、地毯等。这些传统的竹制品，制作技艺高超，但生产能力低，缺少现代性和工业规范。目前，竹材资源的开发利用正向深加工、精加工方向发展，加工的产品从传统的工艺制品延伸至竹材人造板、刨切薄竹和竹地板等，而且生产已工业化，不少企业还具有相当大的加工规模。

与木材相比，竹材具有强度高、韧性好、刚度大、易纵向剖削等特点，采用竹材加工竹材人造板、刨切薄竹和竹地板，可充分利用我国丰富的竹材资源，减少木材资源的消耗，是缓解我国木材供给紧张局面的有效途径之一。

第一节 竹 材

中国是世界竹子中心产区之一，是世界上竹类资源最为丰富，竹林面积最大、产量最多、栽培历史最悠久的国家，竹类植物共有

48个属，500多种，竹林 400 万 hm²，占全世界竹林面积的 1/4 左右。中国竹类资源有适于热带生长的合轴型丛生竹种、亚热带生长的单轴型散生竹种和高海拔高纬度地区生长的耐寒性强的复轴型混生竹种。主要分布在北纬 40° 以南，有四个区域，分别是黄河—长江竹区（散生竹区）、长江—南岭竹区（散生竹—丛生竹混合区）、华南竹区（丛生竹区）和西南高山竹区。

我国的竹种资源数量较多，但具有工业化利用价值的竹种仅有 10 多种。毛竹以其材质坚硬强韧和持续生长性在竹材中利用最广。毛竹主要分布在位于北纬 25～30° 之间的长江—南岭竹区，这个地区以其较稳定的气候，较大的降水量最适宜毛竹生长，毛竹林的面积约占全国毛竹林总面积的 60%。

毛竹又称楠竹、茅竹、孟宗竹，属禾本科。繁殖主要依赖毛竹根部竹鞭上的芽，每年初春由芽生长发育成竹笋再成长成新竹，春末夏初新竹生长旺盛，每日可长 80～100 cm，四年即可成材。当成熟的毛竹采伐后，深藏在地底下的竹鞭又重新发芽生笋、成竹，进行持续生长，如图 8-1 所示。毛竹竹秆端直，梢部微弯曲，高 10～20 m；胸径 8～16 cm，最粗可达 20 cm 以上；竹壁厚，胸部壁厚 0.5～1.5 cm，特殊培育的毛竹壁厚可达 3 cm，如图 8-2 所示。

图 8-1　毛竹

毛竹秆形粗大端直，材质坚硬强韧，4～6 年成材的毛竹，具有良好的物理力学性能，比红橡树硬 27%，比枫树硬 13%。静曲强度、弹性模量、强度是一般木材的 1～2 倍。竹材密度约为 0.789 g/cm^3，顺纹抗拉强度达到 201.7 MPa，抗压强度 74.2 MPa。众多竹种类中，毛竹以其材质坚硬强韧和持续生长性最适合生产各种竹集成材。

图 8-2　毛竹截面

第二节　刨切薄竹的加工工艺

刨切薄竹是将竹材加工成的竹片层积胶压成竹方（即集成竹材），然后通过刨切加工而成，具有清新自然的纹理、真实淡雅的质感，给人以自然美，满足了人们回归自然的愿望。

刨切薄竹的厚度一般在 0.15～1.5 mm 之间，其中厚度在 0.15～0.5 mm 之间的为微薄竹。刨切薄竹主要用作人造板、家具贴面材料以及地板面料，也可作为家庭装饰装修材料。另外，刨切薄竹还可以进一步进行深加工，如染色、阻燃等处理，处理后得到染色薄竹、阻燃薄竹等系列产品，从而增加了刨切薄竹的品种，提高了刨切薄竹的附加值。

刨切薄竹加工工艺示意图如图 8-3 所示。

1. 选材

毛竹的力学性能与竹龄及取材部位有密切关系。竹龄小于 4 年时，竹纤维尚未完全形成，强度不足，而超过 6 年则竹纤维过硬，强度下降不易加工。竹子一般根部壁厚，梢部壁薄。选料应保证一

171

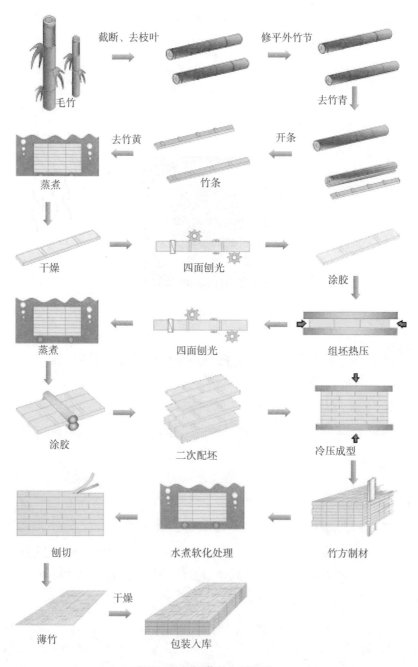

图8-3 刨切薄竹加工工艺

定的壁厚，因此，一般采用胸径大于 10 cm，壁厚 8 mm 左右，竹龄 4～6 年，离地面 25～500 cm 处的毛竹秆为原料。

2. 蒸煮

竹材的化学成分与木材基本相同，主要是纤维素、半纤维素和抽提物质。但竹材含有的蛋白质、糖类、淀粉类、脂肪和蜡质比木材多，在温度和湿度适宜的情况下，易导致虫类、菌类的侵蚀，因此竹片要经过蒸煮处理，除去部分抽提物。在蒸煮过程中可加放防腐剂等药剂，进行三防处理，蒸煮时间一般为 3～4 h。

3. 干燥（原色）

蒸煮处理后的竹片，含水率超过 80%，达到饱和状态，需进行干燥。竹材密度较大，且密度分布不均，竹壁外侧密度比内侧大。竹节部分密度局部增大，竹秆的茎部向梢部密度逐渐减小，因此，竹材的干燥比较困难，易产生内部应力，造成翘曲变形。因而，竹材干燥温度不宜过高，一般控制在 75℃左右，升温不能太快，要注意干燥窑内温度及空气循环速度。干燥后含水率控制在 10%～16%。

4. 组坯、热压胶合

竹片经精刨、挑选和分色后，按要求使用脲醛树脂胶将竹片组坯后进行热压胶合。首先在厚度方向进行胶合，采用专用的双向单层热压机。热压工艺与木质材料比较，温度基本相同，为 115～120℃，热压时间及压力略大于木质材料，时间为 8～15 min，压力为 1.0～2.0 MPa。热压后的竹板坯在冷却过程中易产生翘曲变形，需放入冷压机中，使之在受约束的情况下冷却定型，以保证竹板坯平整。

5. 二次配坯、冷压胶合

竹片厚度方向胶合成竹板坯后，在 90℃的水中浸泡 4～5 h，至竹方内部含水率达 18%～25%，即可进入定长截断、四面刨光，然后在宽度方向进行二次胶合得竹方。二次胶合采用水性胶黏剂和冷压方式，单位压力 90～120 MPa。

目前，大多数企业生产的竹方规格常见为：2 560 mm×470 mm×230 mm、2 560 mm×380 mm×230 mm 和 2 560 mm×660 mm×

230 mm。

6. 制材封端

胶合成型的竹方端头要进行断截，且断截面要平整、光洁，有利于断截后的竹方封端。竹方断截后应放置 8～10 h 或将竹方放置在封端机上，在 150℃温度下将两端头烤 30 min 左右，然后在两端头均匀涂上水性胶，再用 1.0 mm 厚度的直纹木皮涂上水性胶，贴在竹方端部，再放置绿色 PVC 胶片封端，要求封端牢固、光洁，无脱胶、鼓泡等现象。

7. 软化处理

竹材材质较木材硬，竹材的纵横强度比高达 30∶1，而一般木材却仅为 20∶1，且竹纤维的排列走向平行而整齐，纹理一致，没有横向联系，因而竹材的纵向强度大，横向强度小，容易产生劈裂。直接刨切薄竹背面裂隙多，表面粗糙，凹凸缺陷多，不平整，啃丝起毛现象严重，可利用价值不高，并且很难刨切得到 0.6 mm 以上的薄竹，大大限制了刨切薄竹的生产和利用。所以，竹材刨切前的软化处理是竹材集成材刨切薄竹生产工艺的重要环节之一。竹方的软化处理不仅影响着刨切薄竹的质量，而且处理的方法制约着竹材集成材生产所使用的胶黏剂类型。

目前，许多企业为了提高刨切质量，降低刨切前的水煮软化对胶合强度的影响，不得不全部采用水性胶 API 进行胶合，导致生产成本居高不下，影响了竹材集成材用途的扩展。

竹方软化方法有化学药剂法、高温软化法、常压水煮法和高频加热软化法等。其中化学药剂法因为成本高，对胶层破坏性大，且对环境存在污染，故实际应用价值不高。高温软化法对软化设备、操作工艺、辅助设施等方面的要求较高，实际操作困难，且卸压后温度会迅速下降。目前各企业普遍采用的方法为常压水煮法，其缺点为处理时间长，能源消耗量大，处理成本高，难以处理大幅面的竹材，软化质量不稳定等。而维德集团开发的高频加热软化集成材技术，软化处理时间短，能源消耗量少，成本低，竹方幅面尺寸不受限制，生产清洁，是竹材软化处理方法中的首选。

竹材常压水煮软化法和高频加热法软化法操作工艺如下：

（1）常压水煮法

常压水煮法工艺参数如表 8-1 所示。

表 8-1　常压水煮法工艺参数

工艺项目	参数
设备	蒸煮池
能源	蒸汽
水温	40~60℃
升温速度	1.5~2.0℃/h
软化时间	夏季 24~48 h；冬季 48~72 h

注：通常软化时间由竹材集成材的体积决定，一般宽（或厚度）每增加 1 cm，需延长时间 0.8~1 h。

常压水煮法可以进一步除去竹材中糖类、脂肪、蛋白质等有机物。为了加快软化速度，可选用适当软化剂，如加入适量的氢氧化钠溶液或工业水玻璃，并调整溶液 pH 值呈弱碱性。

常压水煮软化处理的特点是加热时间长，加热过程中，由于竹材两端吸水速度快，处理后的竹方外部含水率较内部高，易产生干缩湿胀应力，从而引起变形，并对胶层产生一定程度的破坏。另外，由于竹材属于热的不良导体，热传导速度慢，处理后的竹方外部温度较内部高，形成温度阶梯，易产生热胀冷缩应力，也会对胶层产生一定程度的破坏。

（2）高频加热软化法

高频加热软化法的原理是将竹材置于高频高压振荡电流所产生的高压交变电场的两极之间，竹材中的活化分子（主要是水分子）被极化，并随电场的变化在两极之间做往返运动，相互之间或与不动分子之间产生摩擦和碰撞，从而将竹材纤维加热软化。工艺参数如表 8-2 所示。

175

表 8-2　高频加热软化法工艺参数

工艺项目	参数
设备	高频发生器
能源	工业用电
电源	380 V（50Hz）
输出功率	30 kW
栅极电流	0.25～0.6 A
阳极电流	2.0～3.0 A
软化时间	40～80 min（不受气温影响）

注：软化时间与竹材集成材的高度和含水率有关，含水率为 35%～40% 时，高度在 600 mm 以内的竹材集成材加热软化时间不超过 90 min。

高频加热软化法的特点是竹材的内外部同时加热，加热时间短，加热均匀，避免了温度梯度产生的应力，且热量不易散失，为刨切薄竹提供了足够的时间。

8. 刨切

竹材的密度在 0.8 g/cm³ 左右，硬度一般在 65～75 MPa 之间，而同样密度的木材硬度仅为 35～45 MPa，故刨切竹材的难度和对刀具、设备性能的要求比刨切普通木材要高许多。

刨切薄竹的质量好坏除了与软化处理有关外，还与刨刀的安装调整及刃磨关系密切。安装时需调整刀具的刀门间隙、刨切角及刀刃与竹方的夹角，与刨切薄木相比，同等条件下刀门间隙宜稍大；为均衡刨切载荷，宜使刀刃与竹方构成一定夹角。采用横向刨切时，刨切后角一般为 1～2°，楔角为（18±1）°，刀刃倾角度 50° 为宜。此外为提高薄竹刨切质量，刨刀刃口要求平直无缺口，否则刀刃微小缺陷都会在薄竹上留下刨削痕迹，影响美观及平整。

维德集团集成竹材的刨切是采用意大利进口卧式刨切机（Cremona TN28），其技术参数和精度完全能够满足竹方刨切要求。

9. 后期加工

刨切薄竹的后期加工主要包括薄竹干燥和薄竹贴无纺布（或纸）。刨切后的薄竹含水率一般较高，尤其是常压水煮软化处理后的薄竹，其含水率可高达到50%。薄竹含水率过高易霉变，不利于贮存，故要求干燥后再贮存。薄竹干燥方法与单板干燥方法相同。一般采用连续网带式干燥机干燥，干燥含水率控制在10%～16%；或自然晾干。

由于竹材在低含水率的情况下韧性较差，易脆裂，为增加薄竹的韧性，避免薄竹在贮存和使用过程中破损，通常将薄竹与无纺布（或纸）贴合，如图8-4所示。贴合时，无纺布（或纸）要平整，布胶要均匀，防止缺胶，防止无纺布（或纸）与竹片脱层。薄竹与无纺布（或纸）可采用冷压和热压两种方法进行压合。冷压法压合时，先空压30 min再加压，加压压力为60 MPa，冷压时间30 min。热压时，热压压力为90～110 MPa，热压温度为100～105℃，热压时间为3 min。

图8-4　贴无纺布刨切薄竹

10. 刨切薄竹分类

刨切薄竹保持了原竹材的一切自然特性和质感，色泽自然，质

177

地柔和，其产品有两种分类方式。一是按色泽分为炭化刨切薄竹和原色刨切薄竹；二是按纹理分为平压刨切薄竹和侧压刨切薄竹。如图 8-5 所示。

原色　　　　　　　　　　　炭化

侧压刨切薄竹

原色　　　　　　　　　　　炭化

平压刨切薄竹

图 8-5　刨切薄竹的类别

第三节　刨切薄竹的用途

刨切薄竹主要用于人造板的贴面装饰、家具饰面、墙幕装饰以及用作地板面料加工成竹木复合地板等。

采用比红橡树硬 27%，比枫树硬 13%，经过防腐、防虫处理的 4～6 mm 厚薄竹作为地板面料与进口硬质木材或速生材基材复合加工而成的竹木复合地板，再用油漆进行表面涂饰，不但克服了实竹地板尺寸不稳定的缺点，又兼合了竹材与木材的自然特性和质感，如图8-6。安装后，保养简单，只需用湿布轻擦地板，不需要打蜡，不需要特别护理，保养起来比传统的木地板更方便。

图8-6　竹木复合地板

目前，市面上常见的竹木复合地板规格如表8-3。

表8-3　常见竹木复合地板规格　　　　　　　　　单位：mm

纹理	色泽	长度	宽度	厚度
平压	炭化	450～2440	57, 76, 90, 125, 150, 190	7.6, 8.0, 10, 2, 14.3, 15
	本色			
侧压	炭化	450～2440	57, 76, 90, 125, 150, 190	7.6, 8.0, 10, 12, 14.3, 15
	本色			

第九章　应用实例

科技木作为一种新型木质建筑装饰材料，它的物理力学性能优于天然木材，剔除了天然木材的自然缺陷，且不受天然木材径级的局限性，可根据不同的应用加工成所需的幅面尺寸，更因为科技木色彩丰富、纹理多样等特点，在家具和建筑行业中被广泛应用。例如，科技木薄木可用于人造板基材的饰面，或与浸渍纸高压层积基材复合加工成薄木饰面热固性树脂浸渍纸高压层积板（简称薄木饰面高压装饰板），或与纸和布复合成卷制作成墙布。科技木锯材用于制作家具和地板，其边角料又可加工成装饰木线用于家居门、窗、踢脚线等的装饰。另外，由于科技木具有丰富而自然的色彩和极具艺术性的图案，还可用于雕刻工艺品和木版画等。

第一节　人造板薄木贴面

很早以前，我国家具行业就采用了薄木贴面的装饰方法，在建筑上采用模拟木纹的涂饰方法，随着我国人造板工业的发展，人造板逐渐被应用于家具制造和建筑物的装修。应用前，人造板表面需装饰，装饰的目的为：

（1）遮盖人造板表面的部分缺陷，美化外观，提高使用价值。人造板除胶合板外，均由加工剩余物或枝丫等加工而成，板面外观质量较差，尤其是纤维板颜色很深，对其表面进行装饰加工后，可变成非常美观的板材。

（2）保护表面，使人造板表面具有耐磨、耐热、耐水、耐候、耐化学药品的污染等性能。人造板在使用过程中随周围空气温湿度的变化而反复吸湿膨胀、干燥收缩，久而久之有些树种的胶合板表面就会产生很多小裂纹，而纤维板、刨花板的表面会变得粗糙不平。人造板的表面用涂料涂饰或用其他材料贴面后，就可使之与周围的空气隔开，并且赋予各种优良的性能。

（3）提高人造板的强度、刚度和尺寸稳定性。

（4）节约珍贵树种的木材。

人造板饰面用薄木一般都需要用珍贵树种的木材来制作，主要取其美丽的木纹、悦目的色泽以及某种特殊的气味，如檀香的香气。珍贵树种的蓄积量少，随着自然森林资源的日益减少，珍贵树种木材更是供不应求。而科技木刨切而成的薄木品种繁多，其纹理与色泽不仅与天然珍贵树种木材纹理与色泽相近，而且还有许多品种的科技木的纹理与色泽是天然木所没有的，并且极具艺术性，有很好的装饰效果，因此科技木薄木被广泛应用于各种人造板基材的表面装饰。

科技木薄木贴面工艺类似当前生产中普遍采用的装饰薄木贴面工艺，其生产工艺流程图如下：

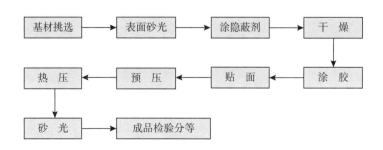

181

一、基材要求

目前，适合于科技木薄木贴面的基材有胶合板、刨花板、纤维板等各种人造板。国内市场人造板贴面需求的科技木薄木厚度基本上在 0.15～0.4 mm 之间，而 0.2 mm 厚的薄木最为常用。薄木较薄，贴面时基材缺陷容易透过薄木呈现在装饰表面上，影响装饰效果，因此待贴面基材主要从以下几方面进行挑选和处理：

（1）基材含水率应严格控制在 8%～16%，且均匀一致。

（2）基材无空夹芯，否则基材经表面装饰后的装饰表面易形成印痕，严重影响表面质量。

（3）基材板面的砂光处理。砂光的目的是调整基材厚度，使厚度偏差在 0.2 mm 范围内；砂去表面的脏物，得到光洁平滑的表面，从而提高了基材表面化学活性；除去基材表面薄弱层（如刨花板表面有预固化现象，纤维板表面有石蜡层等），提高胶合强度。

二、隐蔽剂的涂布与干燥

由于部分品种的科技木薄木色泽浅，贴面时薄木薄，因此很难掩盖基板表面存在的缺陷（如色差、活节等），为了不影响装饰薄木的饰面效果，通常在基板表面涂布一层涂料，即隐蔽剂，用它来掩盖基材表面的一些缺陷，使基材表面色泽均匀一致。

隐蔽剂涂布通常采用专用的三辊式涂胶机，该设备制造精度高，调节精确，涂布后涂层厚度均匀，一般隐蔽剂涂布量为 $60～70 \text{ g/m}^2$。

涂隐蔽剂后的基材含水率会相应增高，需经过干燥蒸发掉基材内多余的水分，使基材含水率符合贴面要求。干燥采用专用干燥机，干燥温度约为 $90～100℃$。

三、胶黏剂涂布与薄木贴面

薄木贴面用的胶黏剂种类较多，而目前较常使用的有脲醛树脂胶黏剂、聚醋酸乙烯乳液胶黏剂、脲醛树脂和聚醋酸乙烯酯乳液混合胶黏剂、骨胶和乙烯—醋酸乙烯共聚热熔性胶黏剂等。增量剂有大麦粉、大豆粉、小麦粉、木薯粉等。

科技木薄木贴面通常采用脱水或半脱水的脲醛树脂胶。在使用前可加入适量的聚醋酸乙烯酯和面粉，增加柔韧性并防止透胶。布胶时在胶液中添加颜料或钛白粉，将胶黏剂色泽调至与薄木色泽相近，胶黏剂黏度应不小于 18 000 cps。根据季节、气候加入适量氯化铵作为固化剂。

单面布胶量应控制在 90～110 g/m²，涂胶量过大会透胶，且增加成本；过小容易脱胶、脱层，影响胶合强度。

由于科技木薄木幅面较宽，一般在一张 1 220 mm×2 440 mm 或 915 mm×2 135 mm 幅面的基板上，薄木拼接数量为 2～4 片，最常见的为 2 片。因为过多的拼接不仅严重影响生产效率，还很难保证拼接质量。拼接薄木时，应以基材一边为基准，将添加了颜料的胶黏剂（色泽与薄木色泽相近）涂在基材上，然后铺贴第一片薄木，边部留约 2～5 mm 宽余量，如图 9-1（a）所示。再以第一片的薄木的内侧为基准边，铺贴第二片薄木，以此类推铺贴第三片、第四片……直至将基材完全覆盖，最后一片薄木边部也应留约 2～5 mm 宽的余量，如图 9-1（c）所示。贴面时，薄木应自然平铺在基材上，不得有波浪和折皱，相邻薄木的花纹、色泽应均匀一致，拼缝处要严密，通常搭接叠缝应不小于 0.5 mm，但最多不能超过 1 mm，拼接过程中通常采用如图 9-1（b）所示的顶高作业方式。贴面后的板坯热压前应保持相对湿润，若气候较干燥，可适当往薄木上喷水雾。

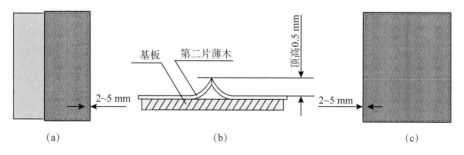

（a）　　　　　　　　　（b）　　　　　　　　　（c）

图 9-1　科技木薄木顶高法贴面

四、预压和热压

人造板薄木贴面的方法有冷压法和热压法两种。由于冷压贴面有加压时间长、效率低、占地面积大等缺点，因而很少采用。目前，国内大多采用热压贴面，其特点是胶合速度快、效率高、产品质量好。

科技木薄木贴面的人造板热压前，必须先进行预压。预压时应注意板坯堆垛整齐，板边头不能有错位，以保证板面均匀受压而不留痕迹。通常情况下，预压压力为 0.5～0.6 MPa，预压时间约 1 h。预压完毕后，必须进行修边、离缝修补和拼缝重叠处理。

修边即切去板四边的多余薄木，修边时应特别注意不能撕裂薄木和损坏板子的边缘，否则将影响外观质量。

在进行离缝修补前，应事先预备好在剪板机上或铡刀等其他剪切工具上剪切一些宽约为 0.5～2 mm 与待修补贴面板所用薄木的品种、色泽、厚度相同的薄木木丝，然后在离缝处用修补刀刀尖挑去胶迹，再用注射针管或类似此功能的注射工具将修补专用胶注入裂缝内将木丝粘牢，待胶固化后用砂纸砂平即可。

对拼缝重叠处理的方法为：重叠若小于 1 mm，用修补刀刮平，而后用砂纸砂平；重叠若大于 1 mm，则用修补刀刀尖轻挑、轻刮，然后再用砂纸砂平。

对预压好的，并经修边、离缝修补和拼缝重叠处理过的贴面板坯进行短期陈放，以防热压时出现透胶现象。另外，为了消除薄木搭接处的叠合部分，在进行热压之前，最好对短期陈放过的贴面板坯进行轻砂。

人造板薄木贴面采用专用薄木贴面热压机对贴面板坯进行热压。单位压力、热压温度和加压时间是人造板薄木贴面热压的三要素。人造板薄木贴面热压的单位压力与胶种和基材性质有关，一般情况下，人造板科技木薄木贴面，热压采用压力为 0.7～1.0 MPa，温度为 90～110℃，时间为 1～2 min。通常压机层数在 7～15 层，每一个间隔压一张板。为了使板坯表面各处受压均匀，消除基材人

184

造板厚度不均引起的压力不均，压机压板间配有缓冲层，如图 9-2 所示。缓冲材料一般可使用羊毛毡垫或耐高温的化纤与铜丝编织的缓冲垫或硅橡胶与铜丝编织的缓冲垫等。在与薄木接触的一面用抛光不锈钢或铝合金板，现在也有采用耐高温的聚酯薄膜来替代抛光金属垫板，同样既可保证热压后装饰表面的光洁平滑，又可起到缓冲作用，可省去缓冲层。

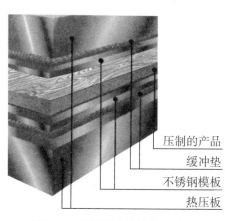

图 9-2　使用缓冲垫的热压贴面

压制的产品
缓冲垫
不锈钢模板
热压板

五、后期处理

热压后的贴面板坯表面若黏附油污等杂质，可用 2%～3% 的草酸溶液或酒精、乙醚冲洗表面，同时还应进行修边、砂光等处理。为了保护薄木，并使薄木的纹理更加清晰、美丽，科技木薄木贴面板材需进行表面涂饰处理。所用涂料有氨基醇酸树脂、硝基清漆、不饱和聚酯清漆等。涂饰方法有辊涂法和淋涂法。

第二节　浸渍纸高压层积板薄木饰面

近年来，随着经济的发展和人们生活水平的提高，具有色泽艳丽、耐热、耐化学药品污染等优点的高压装饰板在家具、橱柜以及办公家具制造的应用呈逐年上升的趋势。目前市面上的高压装饰板

185

多数是采用装饰纸、金属等材料装饰，其色感、触感、装饰效果等性能较木质材料而言缺乏亲和力，无法达到木质装饰材料在视觉、触觉和心理上给人们的舒适、亲切的感受。因而，采用薄木替代装饰纸、金属等装饰材料的薄木饰面热固性树脂浸渍纸高压层积板（简称薄木饰面高压装饰板）在欧美已得到广泛应用。国内薄木饰面高压装饰板也已试验成功并开始推广，这将是国内建筑装饰材料的一次革命。

薄木饰面高压装饰板是采用三聚氰胺甲醛改性树脂或改性酚醛树脂等浸渍后的数层底层纸为基材，复贴一层经过阻燃处理的薄木，高温高压胶合后，采用透明、耐热、耐水性能优异的聚氨基甲酸酯或耐热、耐磨损的改性三聚氰胺甲醛树脂或防水耐磨蜡等进行表面处理制造而成，其结构如图9-3所示。

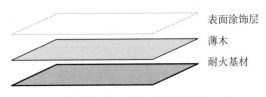

表面涂饰层

薄木

耐火基材

图9-3　薄木饰面高压装饰板结构示意

薄木饰面高压装饰板不同于传统高压装饰板，它是以薄木和表面涂饰层代替装饰纸和表层纸，将阻燃功能与装饰功能结合为一体，避免了装修时油漆造成的环境污染，既具有较强的装饰性，又具有耐热、耐水、耐磨、耐污染等性能，是一种新型的高压装饰板。

一、木饰面高压装饰板生产工艺

薄木饰面高压装饰板与传统高压装饰板制作工艺相似，主要有两种生产工艺流程。一种是薄木阻燃处理后与浸渍纸组坯，一次性进行高温高压处理，将薄木与底层纸复合，其工艺流程如图9-4（1）所示；另一种是将浸渍纸高温高压加工成所需的浸渍纸层积基材，基材砂光后，将阻燃处理过的薄木复贴到浸渍纸层积基材之上，其工艺流程如图9-4（2）所示。图9-5为薄木饰面高压装饰板后一种工艺的生产流程示意。

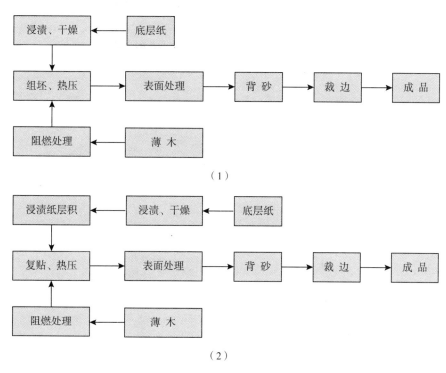

（1）

（2）

图 9-4　薄木饰面高压装饰板工艺流程

1. 薄木阻燃处理

薄木阻燃处理的目的：一是提高产品的阻燃性能；二是在一定程度上增加薄木的密度和硬度，提高产品的表面耐磨性能。

薄木的阻燃处理方式有多种：

（1）对待刨切木方进行阻燃处理，然后刨切得到具有阻燃性能的薄木；

（2）对科技木用单板进行阻燃处理，然后重组刨切得到阻燃薄木；

（3）最直接也是最常用的方法为对薄木直接进行阻燃处理，使其具有阻燃性能，其优点为处理周期短，阻燃效果明显。

187

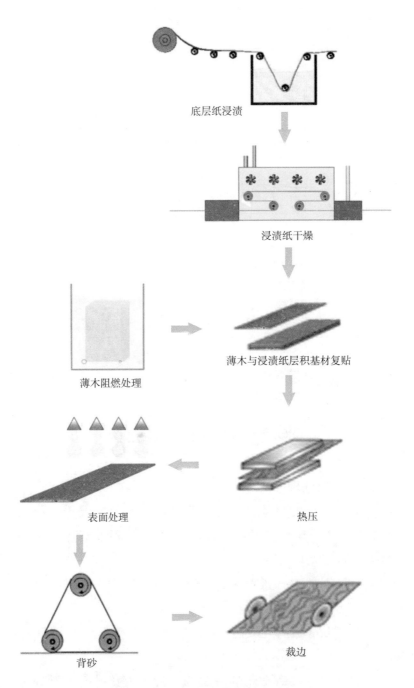

底层纸浸渍

浸渍纸干燥

薄木阻燃处理

薄木与浸渍纸层积基材复贴

表面处理

热压

背砂

裁边

图 9–5　薄木饰面高压装饰板生产流程

2. 底层纸

底层纸作装饰板的基材，应具有一定的厚度和机械强度。故要求纸质均匀，断裂强度高，纸的定量一般为 $80\sim130\ \mathrm{g/m^2}$。底层纸浸渍改性三聚氰胺甲醛树脂或酚醛树脂为浸渍纸。浸渍纸的树脂含量一般为 $25\%\sim60\%$，因此要求原纸还应具有一定的渗透性。常用未经漂白的硫酸盐浆制成的牛皮纸不加防水剂做底层纸。底层纸的主要特性参数见表 9–1。

表 9–1　底层纸特性参数

特性	参数
纸克数（$\mathrm{g/m^2}$）	133 ± 5
厚度（mm）	0.254 ± 0.015
容重（$\mathrm{g/m^2}$）	0.53
湿张力（N/15 mm）	>4.5
渗透能力（mm/10 min）	65 ± 5

3. 浸渍及干燥

原纸的浸渍及干燥是树脂浸渍纸制造的关键工序。树脂浸渍要使原纸充分、均匀地浸渍树脂液，达到所要求的树脂含量。干燥则要除去溶剂及部分挥发物，使树脂缩聚到一定程度，以保证树脂在热压熔融时有足够的流动性。

浸渍纸的树脂含量随作用不同而异。一般而言，随树脂含量增加，装饰板强度增大。但树脂含量达到 $120\%\sim150\%$ 后，装饰板强度先达到最大值后反而下降，这是由于树脂固化收缩应力增大到纸纤维强度无法补偿的程度。一般用作装饰板基材的底层纸的树脂含量 $25\%\sim60\%$。为达到所要求的不同树脂含量，应选用不同的浸渍干燥工艺。常用浸渍干燥工艺如下：

合理的树脂浓度是保证浸渍纸达到所要求树脂含量的关键。树脂浓度一般依据原纸的吸水性即渗透性能、所要求的固体含量、聚

合度、浸胶速度来调节。

浸渍纸的干燥方式采用热空气干燥或红外线干燥，干燥温度为100～140℃。

4. 组坯及热压

（1）浸渍纸层压。薄木饰面高压装饰板用基材是由数层浸渍纸热压而成。浸渍纸的张数可根据所需基材的厚度适当增减。基材厚度一般为0.2～5.0 mm。热压过程中，浸渍纸中的热固性树脂呈熔融状态，紧密接触，充分流展、渗透，最后固化胶合成一片树脂基板。热压温度为90～200℃，压力为（50～100）×10⁵ Pa。

（2）涂胶。薄木与浸渍纸层积基材压合前，将基材砂磨除尘，再在基材上涂布一层热固性树脂胶，不干燥，直接将薄木胶贴上去。基材涂胶的原因是，当薄木与浸渍纸基材热压胶合时，浸渍纸中的树脂胶不能均匀熔融和流展，与薄木就不能产生较好的胶合强度，基材上涂胶补充了薄木与基材间的胶量，可形成一层均匀的胶层。常用热固性树脂胶是三聚氰胺树脂或改性脲醛树脂或胶膜。

（3）组坯。薄木饰面高压装饰板的装饰薄木厚度一般取0.1～3.0 mm，与浸渍纸层积基材组坯的基本配置如图9-6所示。当薄木较薄或为浅色时，基板颜色易透过薄木呈现在装饰表面，热压时树脂胶易渗透出薄木污染表面，因此可采用浅色浸渍纸层积基材或在浸渍纸层积基材上涂饰隐蔽剂。

薄木

浸渍纸层积基材

图9-6　薄木装面高压装饰板板坯配置

（4）热压。板坯热压前先预压，预压时间约30 min。预压后的板坯直接进行热压。为使板面热压均匀，要使用缓冲材料，缓冲材料一般使用羊毛毡垫或耐高温的化纤与铜丝编织的缓冲垫或硅橡胶与铜丝编织的缓冲垫等。

在热压过程中，热压条件对高压装饰板的质量影响很大，只有在正确掌握压力、温度、时间等工艺条件下，才能得到高质量的装饰板。压力的大小主要取决于树脂的性质、温度及组坯的情况，板坯越厚要求的压力越大、热板闭合速度越快。压力不足或加压时间太慢，则树脂流展不均，易造成树脂局部固化，加压压力过大或时间太短，则装饰板内易产生气泡或板面开裂。薄木饰面高压装饰板热压温度一般为 $90\sim200$ ℃，压力为（$50\sim100$）$\times10^5$ Pa，加压时间为 $1\sim2$ min 为宜。

5. 表面处理

热压后的薄木饰面高压装饰板表面需砂光除尘处理后进行涂饰。为了保持薄木原有的花纹与色泽，装饰板表面通常用聚氨基甲酸酯涂饰处理，处理过程中加入耐磨剂等，以增加装饰板的耐磨损等性能。薄木饰面高压装饰板表面还可直接采用打蜡的处理方法，既保持薄木原有的花纹与色泽，又能提高装饰板耐水的性能。

6. 背砂、裁边加工

表面处理后的薄木饰面高压装饰板背面要拉毛，以利于与待装饰基材的胶合，一般采用三辊筒砂光机、60# 砂带进行砂毛。背砂后的装饰板可在纵横裁边机上进行裁边，由于常温下装饰板较硬且脆，因此要采用高速细齿的圆盘锯来裁边。

薄木饰面高压装饰板产品主要规格为 2 440 mm×1 220 mm，也可以根据使用要求生产其他规格尺寸的薄木饰面高压装饰板。

7. 薄木饰面高压装饰板分类

薄木饰面高压装饰板产品种类较多，通常有以下几种分类方式：

（1）按薄木加工形式分天然薄木饰面高压装饰板、染色薄木饰面高压装饰板和科技木薄木饰面高压装饰板。

（2）按薄木纹理大致可分类为天然系列、编织系列、藤类系列、古典系列、设计系列等几大系列。

天然系列产品强调的是原木色泽的自然，质地朴实，如图 9-7（a）所示；编织系列产品的花纹简单，清新而优雅，如图 9-7（b）所示；藤类系列产品的线条形如藤蔓缠绕，令人流连，思绪万千，如图 9-7（c）所示；古典系列则表现出一种庄重典雅的气质，浪漫的情怀，经典而时尚，如图 9-7（d）所示；设计系列产品的色泽跳跃，线条明快，它将设计者的灵感、创新、细致融为一体，既具有个性又不失文雅，如图 9-7（e）所示。

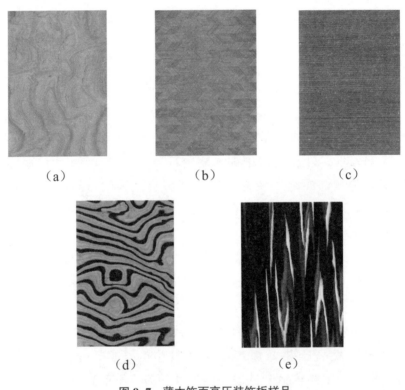

（a）　　　　　　　　（b）　　　　　　　　（c）

（d）　　　　　　　　（e）

图 9-7　薄木饰面高压装饰板样品

（3）按厚度分弯曲型和平板型。产品厚度等于或小于 0.7 mm 为弯曲型，产品厚度大于 0.7 mm 为平板型。薄木饰面高压装饰板常用厚度为 0.7 mm 和 1.3 mm 两种。其中 0.7 mm 厚弯曲使用时，平行弯曲半径可达 15 mm，如图 9-8 所示。1.3 mm 厚则仅限平板用途。

图 9-8　弯曲型薄木饰面高压装饰板样品

二、薄木饰面高压装饰板的应用

薄木饰面高压装饰板色彩瑰丽、图案优美悦目，手触温暖、亲切，尤其是以科技生成花纹与色泽的科技木薄木的应用，极大地丰富了薄木饰面高压装饰板的种类，让产品的应用更多元。目前，已广泛用于家具、橱柜以及建筑物室内的装饰装修。

薄木饰面高压装饰板表面经聚氨基甲酸酯（PU）或涂蜡加工处理后，其耐热、耐磨损、耐水及不易受污等特性均有了很大的提高，足以与传统高压装饰板媲美，具体指标参见表 9-2。

表 9-2　高压装饰板性能指标测试值对比表

项　　目	薄木饰面高压装饰板	传统高压装饰板
厚度	0.7 mm	0.7 mm
耐沸水性	无影响	无影响
耐污染性	轻微影响	无影响
表面耐磨转数	400 转	400 转
平行弯曲半径（163℃）	15 mm	13 mm
耐高温性	轻微影响	轻微影响

薄木饰面高压装饰板是以实木制作而成。与传统的高压装饰板相比，其形状受相对湿度的影响较大。通常是与基材复合后用于建

193

筑物的装饰装潢。基材的选择与传统的高压装饰板相似。人造板中结构比较稳定，受相对湿度影响较小的刨花板和中密度纤维板是最佳选择。薄木饰面高压装饰板通常不直接使用于墙壁、石膏板、塑料、水泥面及老的层积板之上。由于其受相对湿度的影响，也不宜在长时间暴露于多水或温度超过135℃的环境或户外使用。与金属表面复合时，宽度不宜超过2 m。

薄木饰面高压装饰板与基材复合时，采用胶合强度大的PVA_C胶。涂胶时，装饰板背板与基材板面同时布胶，然后冷压。冷压时间和压力取决于胶种、装饰板的厚度和基材的种类。

第三节　科技木的其他应用

科技木除了可刨切成薄木直接用于人造板的饰面和浸渍纸层压板饰面装饰外，也可贴在纸质或布质的基材上制成可卷曲的薄木。另外，科技木可加工成装饰地板，也可加工成装饰木线、木门、隔墙、墙裙、踢脚板、窗帘盒、门窗套、吊顶以及工艺品等。

一、成卷薄木

科技木刨切的薄木厚度一般在0.15～0.4 mm之间，薄木较薄，极易破碎。将其与柔韧性较强的纸（或无纺布）复合，就变得比较强韧了，而且可以随意卷曲。通常，我们将与纸（或无纺布）复合后可以卷曲成卷状进行运输和使用薄木称为成卷薄木。

成卷薄木可与各类人造板复合用于建筑、家居的装饰和封边，或直接用于建筑物、车、船等内壁的装饰，也可用来装饰乐器等。

成卷薄木与纸和无纺布基材复合时，一般有干法和湿法两种方法。干法是将薄木先进行干燥，然后再与涂有热熔胶或PVA_C等胶黏剂的纸（或无纺布）加热加压复合；湿法是薄木不经干燥或稍经干燥，再与涂有热熔胶或PVA_C等胶黏剂的纸（或无纺布）加热加压复合。目前，成卷薄木的生产多采用湿法，线压力为10～100 N/cm。其生产工艺流程如下：

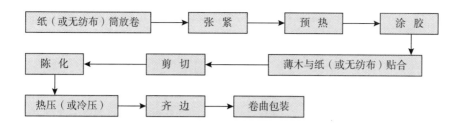

成卷薄木生产中易出现的问题是渗胶和表面产生裂纹。可适当加大聚醋酸乙烯乳液的比例，或在胶液中加进一些填料如面粉等来降低透胶的程度。薄木表面产生裂纹，多数是因为薄木干缩过度，纸（或无纺布）不能补偿薄木的干缩，因此，要求薄木厚度不超过0.2～2.0 mm。使用的纸（或无纺布）要与薄木的厚度、干缩等相适应，不宜太厚，纸（或无纺布）太厚，薄木易开裂，纸（或无纺布）太薄，强度不够。贴合用的胶黏剂要有足够的柔性及弹性，胶黏剂太脆，薄木易开裂。

成卷薄木的特点是柔韧性好，不易破损，卷曲后体积小，可节省储存空间，保存方便。

二、地　板

木质地板无污染、不易吸尘，且弹性好、摩擦系数小、经久耐用，随着天气温度变化进行吸湿和脱湿的调节，另外，它导热率小，具有调节温度的功能，给人以冬暖夏凉的感觉。用木质地板装饰家居还给人以一种接近自然、庄重、舒适的感觉，所以深受消费者的喜爱。

现在市场上的地板种类很多，通常按结构分为实木地板、复合地板和强化地板。

实木地板又分天然实木地板和科技木实木地板。天然实木地板是传统型的木地板，它是采用天然实木制作而成，具有原木自然的纹理、质感强、构造简单、弹性好、导热系数小，并保持了原木自然温暖的特点，容易与室内其他家具饰品和谐搭配，且有些木料随室内外温度的变化调节室内气温，给人以温馨、舒适、清洁、干爽的感受。它的缺点是实木地板若受热不均匀，极易干缩湿胀、翘曲变形，有气味、不耐磨、易腐蚀，日久发黑就失去光泽，而且保养复杂，需对其进行定期的保养和维护，才能保持并提高它的装饰性能和使用寿命。

科技木实木地板是近几年随着科技木的发展而衍生的一种新型实木地板，它是由科技木制作而成，具有类似天然原木的纹理和色泽，并具有天然木材自然、温暖的特点，可随室内外温度的变化调节室内气温，给人以温暖、舒适的感受。同时，它又克服了天然实木地板的缺点，具有尺寸稳定性好、不易翘曲变形，耐磨、耐腐蚀，不易变色等特点。此外，它最突出的特点是随意创造的、极具艺术效果的纹理和亮丽的色泽，非常适合个性化家居的装饰。缺点是保养复杂，需进行定期的保养和维护。

目前，市面上常见的科技木实木地板品种有柚木、枫木、樱桃木、泰柚、乌斑、黑檀、黑胡桃等。

复合地板是目前市场上比较多见的一类地板。其基本结构是由基板和面层组成。复合地板的基板是胶合板、纤维板及刨花板等各类人造板。面层可以是硬木面层、特种装饰板、特制图案的贴纸加以三氧化二铝表面处理的面层、刨切薄竹以及科技木薄木等。

复合地板板面坚硬、耐磨，可防高跟鞋、家具重压，防腐蚀、防虫蛀、防潮湿、抗静电，安装方便，能较好克服实木地板的不足，无须像实木地板那样刨平钉钉或上螺丝，也无须安装龙骨，用户自己就可以安装。此外，复合地板的维护也十分方便，只需时常用吸尘器清理或干湿布拖把擦抹即可，无须砂纸打磨打蜡或涂漆，但表面层受损后难以修复。

科技木薄木作表面装饰层的复合地板，装饰层的木纹精心设计制作，看上去清新典雅，使地板具有美观的装饰效果，同时又能减少天然珍贵木材的消耗，经济环保。

三、其　他

在装饰工程中，常常选用材质优良、纹理美观、颜色均匀、不易变形的木材加工成装饰线、门、窗等，这是对优质木材资源的一种浪费。采用科技木锯材加工成装饰线、门、窗等，既可节省优质木材资源，又可满足室内装饰的美观性。

装饰木线在家居装饰中可做压边线、天花线、柱角线、压角线、上楣线、覆盖线、封边线、镜框线、墙腰线、天花角线等，主要用于空间界面交接处及材料拼接、转角处，如墙面饰面之间的收口，墙面与墙裙之间的收口，墙面与墙面设备之间的衔接收口，墙面与地面的衔接，固定配置上各面之间，各种台边、柜边之间，不同材料的饰面之间，以及家具上的收口边。既可进行对接、拼接，又可弯曲成弧形。

干燥处理后的科技木锯材用于制作木线条，质硬、加工性良好、油漆性及上色性好、黏结性及钉着力强，一般用机械加工或手工加工而成。加工后的木线要求表面光滑，棱角、棱边、弧型等轮廓分明，不得有扭曲及斜弯。装饰木线可直接上清漆，体现出科技木自身的装饰纹理和色泽，同时，也可上各种颜色的油漆，体现出个性的装饰色彩。

科技木制作木门，种类繁多、纹理美观。通常有外形高贵华丽、自然大方，保温调湿隔音性能好的科技木实木门，外形简洁美观的科技木薄木饰面胶合板门以及构造简单、坚固耐用的科技木拼板门。

天花吊顶和顶棚装饰是室内装修的重要方面。木结构吊顶通常采用具有较强装饰效果的天然珍贵树种木材作装饰面，突出其特有的纹理和色泽，增强室内自然的装饰风格与特色。由于天然珍贵树种木材的稀缺，仿天然珍贵树种纹理与色泽的科技木自然而然地被广泛应用到吊顶装饰中，可与天然珍贵木材相媲美。

运用科技木制作天花吊顶和顶棚装饰，除了配合其他设施使室内空间得到合理的利用外，其目的均是通过装饰面的设计造型、色彩、质地和在灯光下的明暗效果，营造出室内不同的空间氛围，使人产生舒适感和美感。

另外，采用独具艺术效果的纹理和色泽的科技木直接或做薄木拼花饰面板用于吊顶装饰，与室内其他装饰和谐搭配，又可增添室内的艺术氛围，使人们的身心受到艺术的熏陶。

在中国传统建筑中，室内立面墙的墙裙、踢脚板、墙布、隔墙等亦可采用科技木来制造，使居室的装饰效果协调统一，充满民族风情。

科技木因其特有的纹理和色泽，还可以用于制作铅笔杆、乒乓球拍以及工艺品等。使用科技木雕刻的工艺品，种类繁多，自然逼真，惟妙惟肖，有着极高的艺术欣赏价值。如图 9-9 所示的四骏雕刻。

图 9-9　四骏雕刻

第十章 质量评定与检测方法

科技木产品质量的评价，主要从外观质量和物理化学性能两个方面来衡量。科技木的实验方法主要参考人造板的同类实验方法。由于科技木的密度主要取决于所用原材料的密度，不同的树种之间密度的差异性较大（0.2～1.2 g/cm³ 不等），且木材是各向异性、非均质的材料，含水率对密度的影响也较大，故质量评定时通常不对密度做出规定（有特殊要求的除外）。科技木薄木的理化性能检测一般包括含水率、甲醛释放量、可溶性重金属含量、浸渍剥离和日晒牢度；作为锯材使用的科技木则需要增加静曲强度、弹性模量和握螺钉力等检测项目。

第一节　质量评定

一、外观质量

科技木的外观质量评价主要包括产品色泽、花纹和图案、加工缺陷等几个方面。

1. 产品色泽

科技木的突出优点在于色泽的多样性和色泽的美感。色泽包括色调和光泽，光泽一般与原材料的树种选择有关。因此在实际检测中侧重于检测色调是否在设计的色调范围之内，同一板面上的色泽是否均匀调和，同类产品不同批次间是否存在差异。当然，装饰效果的好坏程度，往往由于人们的感觉、兴趣、爱好、风俗、习惯等不同而有很大的出入。因此对色泽的要求只能从整体的效果来看，不能要求色泽完全一致，那样就失去了木材本身的自然美感。

2. 花纹和图案

花纹和图案是科技木的装饰性能评价的重要因素之一，实际上花纹、图案常常看作一个整体，从综合角度来评价装饰效果。在生产产品检测时，往往采用比较的方法进行判断，一种方法是与预先设计的花纹和图案进行对比，一般要求其自然协调，与原设计花纹偏差不大即为合格；另一种方法是产品与产品比较，看产品批次与批次之间或产品件与件之间花纹差异是否明显，若差异较大，则不应用于同一空间的装饰使用。

3. 加工缺陷

加工缺陷主要包括表面裂纹、表面污染、胶迹、粗糙度等，薄木还有厚薄、孔洞等；锯材有弯曲、毛边、开裂等。原则上，对于加工缺陷应从严控制，尤其对于装饰性影响较大的缺陷，而对于木材本身的天然缺陷，如节子、小虫孔等，应从轻控制，尤其是活节，更体现了木材的自然美，很多企业已不将其列为缺陷进行控制。

二、物理化学性能

1. 胶合强度和耐水性能

人造板、木制品胶粘强度的测定方法及标准随人造板的种类而异。科技木的检测通常采用浸渍剥离性能检测方法检测。实验后通过观察测量各胶合层是否发生剥离及剥离程度来判断胶合性能。对于室内用科技木，应符合 II 类浸渍剥离试验要求。实验方法通常采用 GB/T 17657–2013《人造板及饰面人造板理化性能试验方法》中的第 4.19 条浸渍剥离性能测定。

2. 静曲强度和弹性模量

静曲强度检测的目的是评价科技木在静止状态下承压性能和变形恢复性能。静曲强度的测定根据科技木锯材厚度的不同对试件的长度要求取 $10\,h+50$ mm（h 表示试件厚度），其跨距与厚度之比保证 20 倍。

3. 握螺钉力

握螺钉力主要是评价科技木采用连接件进行连接时的连接强度，科技木的握螺钉力分正面握螺钉力和侧面握螺钉力，侧面握螺钉力又分为端面握螺钉力和侧面握螺钉力。因为科技木的纹理不同，原材料树种不同和使用胶种的差异，握螺钉力的数值差异较大，通常规定弦切科技木锯材试件的正面（宽材面）握螺钉力 $\geqslant 1\,100$ N，侧面（窄材面）握螺钉力 $\geqslant 700$ N；径切和半径切科技木锯材试件的正面（宽材面）握螺钉力 $\geqslant 700$ N，侧面（窄材面）握螺钉力 $\geqslant 1\,100$ N，端面握螺钉力 $\geqslant 700$ N。

4. 甲醛释放量

由于科技木多用于室内装修及制品的制作，目前所用的胶黏剂主要为改性脲醛树脂胶，含有一定量的游离甲醛，为保障人体健康和与国际标准接轨，对科技木中甲醛释放量的控制采用 GB 18580−2017 人造板及其制品中甲醛释放限量标准要求，指标采用 $E_1 \leqslant 0.124$ mg/m^3，对达不到 E_1 要求范围的产品，必须经过处理达到 E_1 标准要求后才允许用于室内使用。

5. 色泽稳定性能（耐光色牢度）

为了检测科技木色泽的稳定性，通常引用纺织行业中普遍采用的空冷式氙弧光灯照模拟日光进行老化试验，然后通过与蓝色羊毛标准对比进行色泽稳定性等级的判定；当对色泽稳定性能要求不高时，也可采用试验后试件与未经试验的试件进行目视比较的方法进行评定。

201

第二节　检测方法

一、浸渍剥离性能的测定

1. 试验原理

确定试件经浸渍、干燥后，胶层是否发生剥离及剥离程度。

2. 试验仪器

（1）水槽，可保持温度（35±3）℃；

（2）水槽，可保持温度（63±3）℃；

（3）水槽，可保持水沸腾；

（4）鼓风干燥箱，可保持温度（63±3）℃；

（5）钢板尺，分度值0.1 mm。

3. 试件尺寸

长 $l=$（75±1）mm，宽 $b=$（75±1）mm。

4. 测试方法

（1）试件处理条件

a. Ⅰ类浸渍剥离试验：将试件放在沸水中浸渍4 h，取出后置于（63±3）℃的干燥箱中干燥20 h，然后将试件放置在沸水中浸渍4 h，取出后再置于（63±3）℃的干燥箱中干燥3 h。浸渍试件时应将其全部浸没在沸水之中。

b. Ⅱ类浸渍剥离试验：将试件放置在（63±3）℃的热水中浸渍3 h，取出后再置于（63±3）℃的干燥箱中干燥3 h。浸渍试件时应将其全部浸没在热水之中。

c. Ⅲ类浸渍剥离试验：将试件放置在（35±3）℃的温水中浸渍2 h，取出后再置于（63±3）℃的干燥箱中干燥3 h。浸渍试件时应将其全部浸没在温水之中。

（2）仔细观察试件各胶合层之间或贴面层与基材之间胶层有无剥离和分层现象。用钢板尺分别测量试件每个胶层各边剥离或分层部分的长度。

5. 结果表示

以剥离或分层部分的长度表示，若一边的剥离或分层分为几段则应累积相加，精确至 1 mm。

二、静曲强度和弹性模量的测定

1. 试验原理

静曲强度是确定试件在最大载荷作用时的弯矩和抗弯截面模量之比；弹性模量是确定试件在材料的弹性极限范围内，载荷产生的应力与应变之比。

2. 设备与计量器具

（1）木材万能力学试验机，精度 10 N；

（2）千分尺，精度 0.01 mm；

（3）百分表，精度 0.01 mm；

（4）游标卡尺，精度 0.1 mm；

（5）秒表。

3. 试件尺寸

长度 $10h+50$ mm（不小于 150 mm），宽度 50 mm。纵向、横向各 3 个试件。

4. 测试方法

（1）试件的测量：测量试件的宽度和厚度，宽度在试件长边中心处测量；厚度在试件长边中心距边 10 mm 处，每边各测一点，计算时采用两点算术平均值，精确至 0.01 mm。

（2）调节两支座跨距为 200 mm。按图 10-1 所示测定静曲强度和弹性模量。

a. 加荷辊轴线应与支承辊轴线平行；

b. 当试件厚度 ≤ 7 mm 时，加荷辊、支承辊的直径为（15±0.5）mm；当试件厚度 > 7 mm 时，加荷辊、支承辊的直径为（30±0.5）mm。加荷辊和支承辊长度应大于试件宽度。

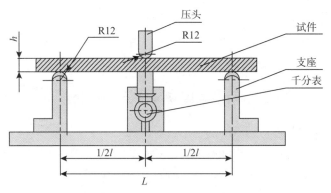

图 10-1　弹性模量测定示意

l —支座距离，mm；*h* —试件厚度，mm

（3）试验时加荷辊轴线必须与试件长轴中心线垂直，应均匀加载，从加荷开始在（60±30）s 内使试件破坏，与此同时，测定试件中部（加荷辊正下方）挠度和相应的载荷值，绘制载荷－挠度曲线图。记下最大载荷值，精确至 10 N。

（4）测定静曲强度时如果试件挠度变形很大，而试件并未破坏，则两支座间距离应减小。检测报告中应写明试件破坏时的支座距离。

5. 结果表示

（1）静曲强度

静曲强度 σ_b（MPa）按式（10-1）计算，精确至 0.1 MPa。

$$\sigma_b = \frac{3P_{max}L}{2bh^2} \qquad (10\text{-}1)$$

式中：σ_b——试件的静曲强度，MPa；

P_{max}——试件破坏最大载荷，N；

L——支座跨度（$L=10h$，不小于 150 mm），mm；

b——试件宽度，mm；

h——试件厚度，mm。

锯材的静曲强度是同一锯材内全部试件静曲强度的算术平均值，精确至 0.1 MPa。

（2）弹性模量

弹性模量 E_b（MPa）按式（10-2）计算。

204

$$E_b = \frac{L^3}{4bh^3} \frac{\triangle f}{\triangle s}$$

（10-2）

式中：E_b——试件的弹性模量，MPa；

　　　L——支座跨距（$L=10h$，不小于 150 mm），mm；

　　　b——试件宽度，mm；

　　　h——试件厚度，mm；

　　　$\triangle f$——在载荷－变形图中直线内力的增加量，N；

　　　$\triangle s$——在力 $f_2 \sim f_1$ 区间试件变形量，mm。

锯材的弹性模量是同一锯材全部试件弹性模量的算术平均值，精确至 10 MPa。

三、握螺钉力的测定

1. 试验原理

确定拔出拧入规定深度的自攻螺钉所需的力。

2. 试验仪器

（1）木材万能力学试验机，精度 10 N；

（2）专用卡具，见图 10-2～10-5；

（3）台钻。

3. 试件尺寸

150 mm×75 mm，正面、侧面、端面各 3 个试件。

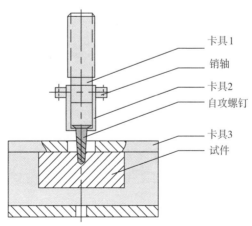

卡具1
销轴
卡具2
自攻螺钉
卡具3
试件

图 10-2　握螺钉力测定示意

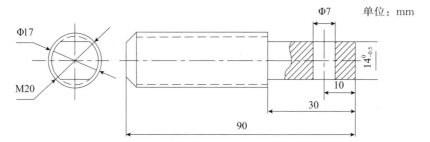

图 10-3　卡具 1 示意

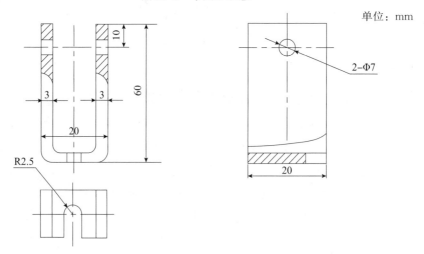

图 10-4　卡具 2 示意

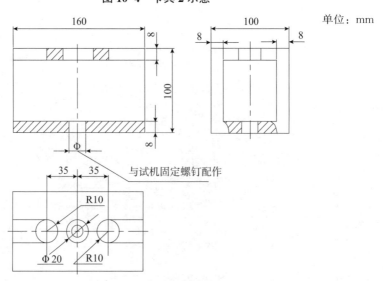

图 10-5　卡具 3 示意

4. 试验方法

（1）握螺钉力分为两类：板面握螺钉力和板边握螺钉力。

（2）测试握螺钉力采用 GB/T 845－ST4.2×38－C－H 或 GB/T 846－ST4.2×38－C－H 自攻螺钉，螺钉长 38 mm，外径 Φ4.2 mm。

（3）测试板面握螺钉力时，在试件长度方向中心线中点及距两端 40 mm 处（见图 10-6），先用 Φ（2.7±0.1）mm 钻头钻导孔，导孔深为 19 mm，再拧入螺钉，拧入深度为（15±0.5）mm，钻导孔及拧入螺钉必须保持和板面垂直。

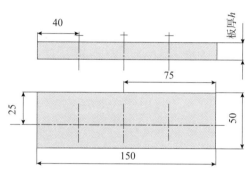

图 10-6 板面握螺钉力示意

（4）试件板边握螺钉力，在试件厚度方向中心线距一端 40 mm 处（见图 10-7）测定，导孔及拧入深度同上。

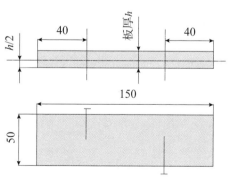

图 10-7 板边握螺钉力示意

207

（5）拧进螺钉后，应立即进行拔钉试验。卡具3和试件接触的表面与试验机拉伸中心线垂直。螺钉与试验机拉伸中心线对中（见图10-2）。拔钉速度为15 mm/min。螺钉拔出时的最大力即为握螺钉力，读数精确至10 N。螺钉不得重复使用。

5. 结果表示

（1）每一试件的握螺钉力系拔出螺钉的最大拉力。

（2）锯材的板面握螺钉力和板边握螺钉力分别是同一锯材内全部试件板面握螺钉力和板边握螺钉力的算术平均值，精确至10 N。

四、甲醛释放量的测定——干燥器法

1. 试验原理

在一定温度下，把已知表面积的试件放入干燥器，试件释放的甲醛被一定体积的水吸收，测定24 h内水中的甲醛含量。

2. 试验仪器

（1）玻璃干燥器，直径240 mm，容积为（11±2）L。如图10-8所示。

（2）支撑网，直径（240±15）mm，由不锈钢丝制成，其平行钢丝间距不小于15 mm。如图10-9所示。

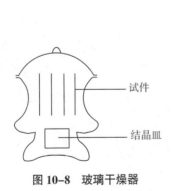

图10-8 玻璃干燥器

试件

结晶皿

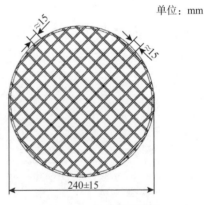

单位：mm

240±15

图10-9 金属丝支撑网

（3）试样支架，由不锈钢丝制成，在干燥器中支撑试件垂直向上（见图10-10）。

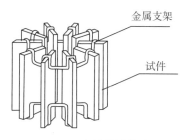

10—10　金属丝试件夹

（4）温度测定装置，例如热电偶，温度测量误差 ±0.1℃，放入干燥器中，并把该干燥器紧邻其他放有试件的干燥器。

（5）水槽，可保持温度（65±2）℃。

（6）分光光度计，可以在波长 412 nm 处测量吸光度。推荐使用光程为 50 mm 的比色皿。

（7）天平：感量 0.01 g；感量 0.000 1 g。

（8）玻璃器皿，包括：

　　——碘价瓶，500 mL；

　　——单标线移液管，0.1 mL、2.0 mL、25 mL、50 mL、100 mL；

　　——棕色酸式滴定管，50 mL；

　　——棕色碱式滴定管，50 mL；

　　——量筒，10 mL、50 mL、100 mL、250 mL、500 mL；

　　——表面皿，直径为 12～15 cm；

　　——白色容量瓶，100 mL、1 000 mL、2 000 mL；

　　——棕色容量瓶，1000 mL；

　　——带塞三角烧瓶，50 mL，100 mL；

　　——烧杯，100 mL、250 mL、500 mL、1 000 mL；

　　——棕色细口瓶，1 000 mL；

　　——滴瓶，60 mL；

　　——玻璃研钵，直径 10～12 cm；

　　——结晶皿，外径 120 mm，内径（115±1）mm，高度60～65 mm。

（9）小口塑料瓶，500 mL、1 000 mL。

3. 试验试剂

——碘化钾（KI），分析纯；

——重铬酸钾（$K_2Cr_2O_7$），优级纯；

——碘化汞（HgI_2），分析纯；

——硫代硫酸钠（$Na_2S_2O_3 \cdot 5H_2O$），分析纯；

——无水碳酸钠（Na_2CO_3），分析纯；

——硫酸（H_2SO_4），$\rho = 1.84\ g/mL$，分析纯；

——盐酸（HCl），$\rho = 1.19\ g/mL$，分析纯；

——氢氧化钠（NaOH），分析纯；

——碘（I_2），分析纯；

——可溶性淀粉，分析纯；

——乙酰丙酮（$CH_3COCH_2COCH_3$），优级纯；

——乙酸铵（CH_3COONH_4），优级纯；

——冰乙酸（CH_3COOH），分析纯；

——甲醛溶液（CH_2O），质量分数 35%～40%，分析纯。

4. 溶液配制

（1）硫酸（1 mol/L）：量取约 54 mL 硫酸（$\rho = 1.84\ g/mL$）在搅拌下缓缓倒入适量蒸馏水中，搅匀，冷却后放置在 1 L 容量瓶中，加蒸馏水稀释至刻度，摇匀。

（2）氢氧化钠（0.1 mol/L）：称取 40 g 氢氧化钠溶于 600 mL 新煮沸而后冷却的蒸馏水中，待全部溶解后加蒸馏水至 1 000 mL，储于小口塑料瓶中。

（3）淀粉指示剂（1%）：称取 1 g 可溶性淀粉，加 10 mL 蒸馏水中，搅拌下注入 90 mL 沸水中，再微沸 2 min，放置待用（此试剂使用前配制）。

（4）硫代硫酸钠标准溶液 $[c(Na_2S_2O_3) = 0.1\ mol/L]$：在感量 0.01 g 的天平上称取 26 g 硫代硫酸钠于 500 mL 烧杯中，加入新煮沸并已冷却的蒸馏水至完全溶解后，加入 0.05 g 碳酸钠（防止分解）及 0.01 g 碘化汞（防止发霉），然后再用新煮沸并已冷却的蒸馏水稀释成 1 L，盛于棕色细口瓶中，摇匀，静置 8～10 d 再进行

210

标定。

称取在 120℃ 下烘至恒重的重铬酸钾（$K_2Cr_2O_7$）0.10～0.15 g，精确至 0.000 1 g，然后置于 500 mL 碘价瓶中，加 25 mL 蒸馏水，摇动使之溶解，再加 2 g 碘化钾及 5 mL 盐酸（$\rho=1.19$ g/mL），立即塞上瓶塞，液封瓶口，摇匀于暗处放置 10 min，再加蒸馏水 150 ml，用待标定的硫代硫酸钠滴定到呈草绿色，加入淀粉指示剂 3 mL，继续滴定至突变为亮绿色为止，记下硫代硫酸钠的用量 V。

硫代硫酸钠标准溶液的浓度（mol/L）可由公式（10-3）计算，也可根据 GB/T 601-2002 配置该标准溶液。

$$c(\mathrm{Na_2S_2O_3})=\frac{G}{V49.03}1000 \qquad (10-3)$$

式中：

c（$Na_2S_2O_3$）——硫代硫酸钠标准溶液的浓度，单位为摩尔每升（mol/L）；

V——硫代硫酸钠滴定耗用量，单位为毫升（mL）；

G——重铬酸钾的质量，单位为克（g）；

49.03——重铬酸钾（$1/6K_2Cr_2O_7$）摩尔质量，单位为克每摩尔（g/mol）。

（5）碘标准溶液 [c（I_2）=0.05 mol/L]：在感量 0.01 g 的天平上称取碘 13 g 及碘化钾 30 g，同置于洗净的玻璃研钵内，加少量蒸馏水研磨至碘完全溶解。也可以将碘化钾溶于少量蒸馏水中，然后在不断搅拌下加入碘，使其完全溶解后转至 1 L 的棕色容量瓶中，用蒸馏水稀释到刻度，摇匀，储存于暗处。

（6）乙酰丙酮－乙酸铵的配制：称取 150 g 乙酸铵于 800 mL 蒸馏水或去离子水中，再加入 3 mL 冰乙酸和 2 mL 乙酰丙酮，并充分搅拌，定容至 1L 避光保存。该溶液保存期 3 d，之后应重新配制。

5. 试件

（1）试件尺寸

长 l＝（150±1.0）mm，宽 b＝（50±1.0）mm。

211

试件的总表面积包括侧面、两端和表面，应接近 1 800 cm^2，据此确定试件数量。

（2）试验次数

试件数量为 2 组。（内部检验只需一组试件）

两次甲醛释放量的差异应在算术平均值的 20% 之内，否则选择第 3 组试件重新测定。

（3）试件平衡处理

试件在相对湿度（65±5）%、温度（20±2）℃条件下放置 7 d 或平衡至质量恒定。试件质量恒定是指前后间隔 24 h 两次称量所得质量差不超过试件质量的 0.1%。

平衡处理时试件间隔至少 25 mm，以便空气可以在试件表面自由循环。

当甲醛背景浓度较高时，甲醛含量较低的试件将从周围环境吸收甲醛，在试件贮存和平衡处理时应小心避免发生这种情况，可采用甲醛排除装置或在房间放置少量的试件来达到目的。在结晶皿中放 300 mL 蒸馏水，置于平衡处理环境 24 h，然后测定甲醛浓度，以得到背景浓度，最大的背景浓度应低于试件释放的甲醛浓度（例如：试件可能释放的甲醛浓度为 0.3 mg/L，那么背景浓度应低于 0.3 mg/L）。

6. 试验方法

（1）甲醛的收集

a. 试验前，用水清洗干燥器和结晶皿并烘干。

b. 在直径为 240 mm 的干燥器底部放置结晶皿，在结晶皿内加入（300±1）mL 蒸馏水，水温为（20±1）℃，然后把结晶皿放入干燥器底部中央，把金属丝支撑网放置在结晶皿上方。

c. 把试件插入金属支架，如图 10-10 所示，试件不得有松散的碎片，然后把装有试件的支架放入干燥器内支撑网的中央，使其位于结晶皿的正上方。

d. 干燥器应放置在没有振动的平面上。在（20±0.5）℃下放置 24 h±10 min，让蒸馏水吸收从试件释放出的甲醛。

e. 充分混合结晶皿内的甲醛溶液。用甲醛溶液清洗一个 100 mL 的单标容量瓶，然后定容至 100 mL。用玻璃塞封上容量瓶，如果样品不能立即检测，应密封贮存在容量瓶中，在 0℃ ～5℃下保存，但不超过 30 h。

（2）空白试验

在干燥器内不放试件作空白试验，空白值不得超过 0.05 mg/L。

在干燥器内放置温度测量装置，连续监测干燥器内部温度，或不超过 15 min 间隔测定，并记录试验期间的平均温度。

（3）甲醛质量浓度测定

准确吸取 25 mL 甲醛溶液到 100 mL 带塞三角烧瓶中，并量取 25 mL 乙酰丙酮－乙酸铵溶液，塞上瓶塞，摇匀，再放到（65±2）℃的水槽中加热 10 min，然后把溶液放在避光处 20 ℃下存放（60±5）min。使用分光光度计，在 412 nm 波长处测定溶液的吸光度。采用同样的方法测定甲醛背景质量浓度。

（4）标准曲线

标准曲线是根据甲醛溶液质量浓度与吸光度的关系绘制的，其质量浓度用碘量法测定。标准曲线至少每月检查一次。

a. 甲醛溶液标定

把大约 1 mL 甲醛溶液（浓度 35%～40%）移至 1 000 mL 容量瓶中，并用蒸馏水稀释至刻度。

甲醛溶液浓度按下述方法标定：量取 20 mL 甲醛溶液与 25 mL 碘标准溶液（0.05 mol/L）、10 mL 氢氧化钠标准溶液（1 mol/L）于 100 mL 带塞三角烧瓶中混合。静置暗处 15 min 后，把 1 mol/L 硫酸溶液 15 mL 加入到混合液中，多余的碘用 0.1 mol/L 硫代硫酸钠溶液滴定，滴定接近终点时，加入几滴 1% 淀粉指示剂，继续滴定到溶液变为无色为止。同时用 20 mL 蒸馏水做空白平行试验。甲醛溶液质量浓度按公式（10-4）计算。

$$c_1＝(V_0－V)15\,c_2 1000/20 \qquad （10-4）$$

式中：

c_1——甲醛质量浓度，单位为毫克每升（mg/L）；

V_0——滴定蒸馏水所用的硫代硫酸钠标准溶液的体积，单位为毫升（mL）；

V——滴定甲醛溶液所用的硫代硫酸钠标准溶液的体积，单位为毫升（mL）；

c_2——硫代硫酸钠溶液的浓度，单位为摩尔每升（mol/L）；

15——甲醛（$1/2\ CH_2O$）摩尔质量，单位为克每摩尔（g/mol）。

注：1 mL 0.1 mol/L 硫代硫酸钠相当于 1 mL 0.05 mol/L 的碘溶液和 1.5 mg 的甲醛。

b. 甲醛校定溶液

按 a 中确定的甲醛溶液质量浓度，计算含有甲醛 3 mg 的甲醛溶液体积。用移液管移取该体积数到 1 000 mL 容量瓶中，并用蒸馏水稀释到刻度，则 1 mL 校定溶液中含有 3 μg 甲醛。

c. 标准曲线的绘制

把 0 mL、5 mL、10 mL、20 mL、50 mL 和 100 mL 的甲醛校定溶液分别移加到 100 mL 溶液瓶中，并用蒸馏水稀释到刻度。然后分别取出 25 mL 溶液，按甲醛质量浓度测定中所述方法进行吸光度测量分析。根据甲醛质量浓度（0～3 mg/L 之间）吸光情况绘制标准曲线（如图 10-11）。斜率由标准曲线计算确定，保留四位有效数字。

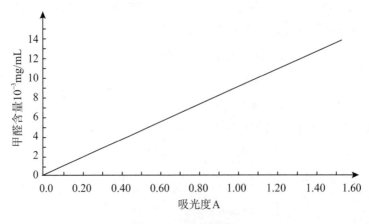

图 10-11　标准曲线

（5）结果表示

a. 甲醛溶液的浓度按式（10-5）计算，精确至 0.01 mg/L。

$$c = f(A_s - A_b)1800/A \qquad （10-5）$$

式中：

c——甲醛质量浓度，单位为毫克每升（mg/L）；

f——标准曲线的斜率，单位为毫克每毫升（mg/mL）；

A_s——甲醛溶液的吸光度；

A_b——空白液的吸光度；

A——试件表面积，单位为平方厘米（cm²）。

b. 一张板的甲醛释放量是同一张板内两份试件甲醛释放量的算术平均值，精确至 0.01 mg/L。

五、甲醛释放量的测定——气候箱法

1. 试验原理

将 1 m² 表面积的样品放入温度、相对湿度、空气流速和空气置换率控制在一定值的气候箱内。甲醛从样品中释放出来，与箱内空气混合，定期抽取箱内空气，将抽出的空气通过盛有蒸馏水的吸收瓶，空气中的甲醛全部溶入水中；测定吸收液中的甲醛量及抽取的空气体积，计算出每立方米空气中的甲醛量以毫克每立方米（mg/m³）表示，抽气是周期性的，直到气候箱内的空气中的甲醛浓度达到稳定状态为止。

2. 试验设备

（1）气候箱

气候箱容积为 1 m³，箱体内表面应为惰性材料，不会吸附甲醛。箱内应有空气循环系统以维持箱内空气充分混合，保持试样表面的空气速度为 0.1～0.3 m/s。箱体上应有调节空气流量的空气入口和空气出口装置。空气置换率维持在（1.0±0.05）h⁻¹，要保证箱体的密封性。进入箱内的空气甲醛浓度在 0.006 mg/m³ 以下。

（2）温度和相对湿度调节系统

保持箱内温度为（23±0.5）℃，相对湿度为（45±3）%。

215

（3）空气抽样系统

空气抽样系统包括：抽样管、两个 100 mL 的吸收瓶、硅胶干燥器、气体抽样泵、气体流量计、气体计量表。

3．试剂、溶液配制和仪器

（1）试剂

——碘化钾（KI），分析纯；

——重铬酸钾（$K_2Cr_2O_7$），优级纯；

——硫代硫酸钠（$Na_2S_2O_3 \cdot 5H_2O$），分析纯；

——碘化汞（HgI_2），分析纯；

——无水碳酸钠（Na_2CO_3），分析纯；

——硫酸（H_2SO_4），$\rho = 1.84$ g/mL，分析纯；

——盐酸（HCl），$\rho = 1.19$ g/mL，分析纯；

——氢氧化钠（NaOH），分析纯；

——碘（I_2），分析纯；

——可溶性淀粉，分析纯；

——乙酰丙酮（$CH_3COCH_2COCH_3$），优级纯；

——乙酸铵（CH_3COONH_4），优级纯；

——甲醛溶液（CH_2O），浓度 35%～40%。

（2）溶液配制与干燥器法的溶液配制相同。

（3）仪器除金属支架、干燥器、结晶皿外，其他与干燥器法中的试验仪器相同。

4．试件

从供测试的科技木锯材上平行于设计纹理面截取一张厚为 $h = (20 \pm 1)$ mm，表面积为 1 m^2 的试件（双面计。长 $L = 1\,000$ mm ± 2 mm，宽 $W = 500$ mm ± 2 mm，1 块；或长 $L = 500$ mm ± 2 mm，宽 $W = 500$ mm ± 2 mm，2 块），四边用不含甲醛的铝胶带密封。

5．试验程序

在试验全过程中，气候箱内保持下列条件：

温度：（23 ± 0.5）℃；

相对湿度：（45 ± 3）%；

承载率：（1.0±0.02）m²/m³；

空气置换率：（1.0±0.05）h⁻¹；

试样表面空气流速：（0.1～0.3）m/s。

试样在气候箱的中心垂直放置，表面与空气流动方向平行。气候箱检测持续时间至少为 10 天，第 7 天开始测定。甲醛释放量的测定每天 1 次，直至达到稳定状态。当测试次数超过 4 次，最后 2 次测定结果的差异小于 5% 时，即认为已达到稳定状态，最后 2 次测定结果的平均值即为最终测定值。如果在 28 天内仍未达到稳定状态，则用第 28 天的测定值作为稳定状态时的甲醛释放量测定值。

空气取样和分析时，先将空气抽样系统与气候箱的空气出口相连接。两个吸收瓶中各加入 25 mL 蒸馏水，开动抽气泵，抽气速度控制在 2 L/min 左右，每次至少抽取 100 L 空气。每瓶吸收液各取 10 mL 移至 50 mL 容量瓶中，再加入 10 mL 乙酰丙酮溶液和 10 mL 乙酸铵溶液，将容量瓶放至 40℃ 的水浴中加热 15 min，然后将溶液静置暗处冷却至室温（约 1 h）。在分光光度计的 412 nm 处测定吸光度。与此同时，要用 10 mL 蒸馏水和 10 mL 乙酰丙酮溶液、10 mL 乙酸铵溶液平行测定空白值。吸收液的吸光度测定值与空白吸光度测定值之差乘以校正曲线的斜率，再乘以吸收液的体积，即为每个吸收瓶中的甲醛量。两个吸收瓶的甲醛量相加，即得甲醛的总量。甲醛总量除以抽取空气的体积，即得每立方米空气中的甲醛浓度值，以毫克每立方米（mg/m³）表示。由于空气计量表显示的是检测室温度下抽取的空气体积，而并非气候箱内 23℃ 时的体积。因此，空气样品的体积应通过气体方程式校正到标准温度 23℃ 时的体积。

分光光度计用校准曲线和校准曲线斜率的确定同干燥器法标准曲线的绘制。

六、耐光色牢度性能测定

1. 试验原理

从试件上取下部分试件与蓝色羊毛标样在氙弧灯下一起曝晒，

217

通过蓝色羊毛标样的变化确定曝晒量。对比曝晒与未曝晒试样在确定曝晒量下的变化来评定样品的耐光色牢度。

2. 试验仪器与材料

（1）氙弧灯：空气冷却式或水冷却式（见附录二）。平行于灯轴试件架平面的试件，其表面上任意两点之间的辐射照度差别应不大于10%。辐射量（单位面积辐射能）用辐射计测定。

（2）评级灯箱：内壁为中性灰，其颜色约介于变色灰卡1级与2级之间，顶部装有能产生色温（6 500±200）K和在试件表面照度至少800 lx的人工光源。评级灯箱放在某一位置，周围的照明条件不影响观察评定试件。

（3）遮盖物为不透明材料，如薄铝片或其他材料的硬卡。

（4）标准材料，包括蓝色羊毛标样1～7（符合GB/T 730—2008）；评定变色用灰色样卡（符合GB/T 250—2008）。

（5）乙醇，体积分数95%，工业级。

（6）脱脂纱布。

3. 试件尺寸

试件的长宽尺寸应按设备试件夹的形状和尺寸面定。所取试件必须包括样品上所有的深浅颜色。在空气冷却式设备中，通常使用的试件面积不小于45 mm×20 mm。在水冷式设备中，通常使用的试件面积不小于70 mm×20 mm。推荐每种材料的试件重复样品最少为3个。

4. 试验方法

（1）试验条件

黑标准温度：（65±3）℃；相对湿度：（50±5）%；或由产品标准规定。

（2）操作步骤

a. 试验过程

用脱脂纱布蘸少许乙醇将试件表面擦干净、晾干。将试件和一组蓝色羊毛标样用遮盖物遮去一半，按试验条件和产品标准所规定的条件，在氙弧灯下曝晒。氙弧灯离试件表面和蓝色羊毛标样表面必须保持相等距离。

b. 试验终止

（a）试件表面达到标准规定的曝晒量，即产品标准规定的蓝色羊毛标样等级的曝晒和未曝晒部分间的色差达到灰色样卡 4 级，曝晒终止。

（b）试件符合商定或产品标准规定的色牢度指标。

5. 等级评定

方法一：将试件和蓝色羊毛标样一同取出，移开遮盖物，在评级灯箱内用灰色样卡或蓝色羊毛布评定试件的相应变色等级。

用正常视力（或矫正到正常视力），在距离约 50 cm，任意角度下观察试件表面颜色的变化。为避免由于光致变色性而对耐光色牢度发生错评，应在评定耐光色牢度前将试件放在暗处，在室温下平衡 24 h 后进行。

方法二：试样变色程度的仪器评级方法。

本标准参照采用国际标准 ISO 105−A05−1992《纺织品色牢度试验 A05 部分：试样变色程度的仪器评级方法》。

（1）主题内容与适用范围

本标准规定了试样变色程度的仪器评级方法，并可作为评级的一种方法。它适用于任何色牢度试验方法，但是试样用荧光增白剂溶液处理的，不能用该方法。

（2）引用标准

GB 3978 标准照明体及照明观测条件；GB 8424 纺织品颜色和色差的测定方法。

（3）原理

对经受了色牢度试验的试样的颜色和未经处理的原织物的颜色进行测量。计算 CIELAB 坐标 L^*、C_{ab}^* 和 h_{ab} 以及 CIELAB 色差 $\triangle L^*$、$\triangle C_{ab}^*$ 和 $\triangle H_{ab}^*$，并使用一系列公式转换成变色牢度的灰卡级数。

（4）仪器设备

光谱光度测色计、三刺激色度计或测色色差计，它们能够测量输出 D_{65} 标准照明体 10° 观察者下的色度数据。推荐使用（d/0°）积分球的照明观测条件，也允许使用（0°/d）积分球的照明观测条件。

（5）试样

对经受了色牢度试验处理的试样，要有几层原织物衬在该试样的背后，使其有足够不透光的组合厚度，以便准确地测量。

（6）操作程序

a. 制备构成同样层数厚度的原织物的颜色，并根据 D_{65} 标准照明体和 $10°$ 观察者来计算 CIELAB 坐标 L^*、C^*_{ab} 和 h_{ab} 的值。

b. 测量经受了色牢度试验并按试样的颜色。

c. 计算原样和试验后试样之间的色差 $\triangle L^*$、$\triangle C^*_{ab}$ 和 $\triangle H^*_{ab}$。

d. 用如下一系列公式计算 $\triangle E_F$：

$$\triangle E_F = [(\triangle L^*)^2 + (\triangle C_F)^2 + (\triangle H_F)^2]^{\frac{1}{2}}$$

$$\triangle H_F = \triangle H_K / [1 + (10 C_M / 1\,000)^2]$$

$$\triangle C_F = \triangle C_K / [1 + (20 C_M / 1\,000)^2]$$

$$\triangle H_K = \triangle H^*_{ab} - D$$

$$\triangle C_K = \triangle C^*_{ab} - D$$

$$D = (\triangle C^*_{ab} \cdot C_M \cdot e^{-x}) / 100$$

$$C_M = (C^*_{abT} + C^*_{abO}) / 2$$

若 $|h_M - 280| \leqslant 180$，$x = [(h_M - 280)/30]^2$

若 $|h_M - 280| > 180$，$x = [(360 - |h_M - 280|)/30]^2$

若 $|h_{abT} - h_{abO}| \leqslant 180$，$h_M = (h_{abT} + h_{abO})/2$

若 $|h_{abT} - h_{abO}| > 180$ 和 $|h_{abT} + h_{abO}| < 360$，$h_M = (h_{abT} + h_{abO})/2 + 180$

若 $|h_{abT} - h_{abO}| > 180$ 和 $|h_{abT} + h_{abO}| \geqslant 360$，$h_M = (h_{abT} + h_{abO})/2 - 180$

L^*_T、C^*_{abT}、h_{abT} 为试样的明度、彩度和色调，L^*_O、C^*_{abO}、h_{abO} 为试样的明度、彩度和色调。

$$\triangle L^* = L^*_T - L^*_O$$

$$\triangle C^*_{ab} = C^*_{abT} - C^*_{abO}$$

$\triangle H^*_{ab}$ 的符号与 $(h_{abT} - h_{abO})$ 的符号相等同。

$$\triangle H^*_{ab} = [(\triangle E^*_{ab})^2 - (\triangle L^*)^2 - (\triangle C^*_{ab})^2]^{\frac{1}{2}}$$

$$\triangle E^*_{ab} = [(\triangle L^*)^2 + (\triangle a^*)^2 + (\triangle b^*)^2]^{\frac{1}{2}}$$

（7）试验报告

a. 按第四章表4-2报告仪器评级的变色牢度灰卡级数。

b. 除了查表方法之外，还包括有变色牢度灰卡级数的函数计算，函数如下：

当$\triangle E_F > 3.40$时：

$$GS_C = 5 - [\lg(\triangle E_F/0.85)/\lg 2] \qquad （10-6）$$

当$\triangle E_F \leqslant 3.40$时：

$$GS_C = 5 - (\triangle E_F/1.7) \qquad （10-7）$$

计算至小数点后两位。与由表得到的半级梯级值相比，它能得到连续的小数级数值。

（8）注释

a. 用视觉看来不发荧光的白硬纸作背衬的单层织物是允许选择的。

b. 允许使用$D_{65}/2°$、$C/2°$和$C/10°$来代替。

c. 计算值应与照明体、观察者和照明观测条件一并给出。

七、色泽稳定性能测定

1. 试验原理

确定试件在光照下表面色泽的变化。

2. 试验仪器

旋转式鼓室灯照装置，如图10-12。

3. 试件尺寸

长$l = （150\pm2）$mm，宽$b = （75\pm2）$mm。

4. 试验方法

（1）将试件垂直固定在试验装置框架上，调节试件表面与水银灯之间距离为300 mm。以2.5 r/min的速度转动试验装置的金属鼓。试件在400 W水银灯下照射48 h。取出在暗室中放置72 h。试验用水银灯的功率为400 W，波长为300 mm以上。

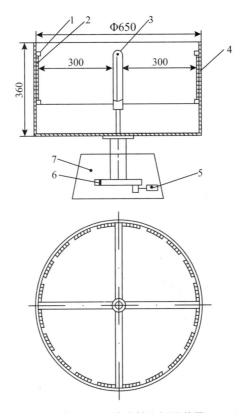

图 10-12　旋转式鼓室灯照装置

说明：1——试件固定架；2——试件；3——水银灯；4——金属转鼓；

5——动力源；6——减速器；7——固定台。

（2）在自然光线下，距试件表面约 40 cm 处，用正常视力（或矫正到正常视力）观察试件表面发生的缺陷和变色情况。

5. 结果表示

记录试件表面的开裂、鼓泡、裂纹和凹凸纹等缺陷，变色及光泽的变化情况。

附录一 科技木产品样品*及获奖证书

---

*本书所有科技木产品样品均由维德集团下属公司维德木业（苏州）有限公司提供。

223

Ⓐ科技木薄木

Ⓐ E. V. RED ZEBRAWOOD
E. V. 红斑马

Ⓐ E. V. BLACK ZEBRAWOOD
E. V. 黑斑马

Ⓐ E. V. L. ZEBRAWOOD
E. V. L. 斑马

Ⓐ E. V. H. ZEBRAWOOD
E. V. H. 斑马

Ⓐ E. V. NEW ZEBRAWOOD
E. V. 新斑马

Ⓐ E. V. CAT'S EYE#B200
E. V. 绿猫眼 #B200

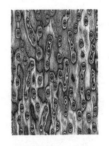
Ⓐ E. V. CAT'S EYE#GR200
E. V. 灰猫眼 #GR200

Ⓐ E. V. CAT'S EYE#R200
E. V. 红猫眼 #R200

Ⓐ E. V. CAT'S EYE#B200
E. V. 棕猫眼 #B200

Ⓐ E. V. CAT'S EYE#LB300
E. V. 浅棕猫眼 #LB300

Ⓐ E. V. CAT'S EYE#B300
E. V. 棕猫眼 #B300

Ⓐ E. V. CAT'S EYE#W600
E. V. 白猫眼 #W600

Ⓐ E. V. CAT'S EYE#P600
E. V. 粉猫眼 #P600

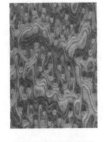
Ⓐ E. V. CAT'S EYE#B600
E. V. 棕猫眼 #B600

Ⓐ E. V. CAT'S EYE#P200（F）
E. V. 粉猫眼 #P200（影）

Ⓐ E. V. WHITE BIRD'S EYE
E. V. 白雀眼

科技木——重组装饰材

224

Ⓐ E. V. YELLOW BIRD'S EYE
E. V. 黄雀眼

Ⓐ E. V. GOLDEN BIRD'S EYE
E. V. 金雀眼

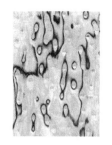

Ⓐ E. V. WHITE ICE TREE C
E. V. 白冰树（山纹）

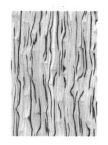

Ⓐ E. V. WHITE ICE TREE S
E. V. 白冰树（半直纹）

Ⓐ E. V. NEW MAPLE
E. V. 新枫木

Ⓐ E. V. WHITE MAPLE#A48
E. V. 白枫 #A48

Ⓐ E. V. WHITE MAPLE#A68
E. V. 白枫 #A68

Ⓐ E. V. WHITE MAPLE CRUL
E. V. 白枫树根

Ⓐ E. V. MAPLE CURL#B88
E. V. 枫木树根 #B88

Ⓐ E. V. NOAL WALNUT
E. V. NOAL 黑胡桃

Ⓐ E. V. WALNUT#029C
E. V. 黑胡桃 #029（山纹）

Ⓐ E. V. WALNUT#102Q
E. V. 黑胡桃 #102（直纹）

Ⓐ E. V. WALNUT#105C
E. V. 黑胡桃 #105（山纹）

Ⓐ E. V. WALNUT#107C
E. V. 黑胡桃 #107（山纹）

Ⓐ E. V. WALNUT#109Q
E. V. 黑胡桃 #109（直纹）

Ⓐ E. V. WALNUT#112S
E. V. 黑胡桃 #112（半直纹）

附录一　科技木产品样品及获奖证书

225

Ⓐ E. V. WALNUT#113Q
E. V. 黑胡桃 #113（直纹）

Ⓐ E. V. WALNUT#117S
E. V. 黑胡桃 #117（直纹）

Ⓐ E. V. WALNUT#119S
E. V. 黑胡桃 #119（半直纹）

Ⓐ E. V. WALNUT#121Q
E. V. 黑胡桃 #121（直纹）

Ⓐ E. V. WALNUT#123Q
E. V. 黑胡桃 #123（直纹）

Ⓐ E. V. WALNUT#125Q
E. V. 黑胡桃 #125（直纹）

Ⓐ E. V. WALNUT#127Q
E. V. 黑胡桃 #127（直纹）

Ⓐ E. V. QUARTER WALNUT
E. V. 直纹黑胡桃

Ⓐ E. V. WHITE ANIGRE#292
E. V. 白胡桃 #292

Ⓐ E. V. GOLDEN ANIGRE#1C
E. V. 金胡桃 #1（山纹）

Ⓐ E. V. GOLDEN ANIGRE#5C
E. V. 金胡桃 #5（山纹）

Ⓐ E. V. GOLDEN ANIGRE#18C
E. V. 金胡桃 #18（山纹）

Ⓐ E. V. ZEBRAWOOD BURL#B28
E. V. 斑马树根 #B28

Ⓐ E. V. YELLOW ZEBRAWOOD BURL
E. V. 黄斑马树根

Ⓐ E. V. MAPLE CURL#B88
E. V. 枫木树根 #B88

Ⓐ E. V. GOLDEN MAPLE BURL
E. V. 金枫树根

Ⓐ E. V. MAHOGANY#B800
E. V. 红柚树根 #B800

Ⓐ E. V. ROSEWOOD BURL#B800
E. V. 酸枝树根 #B800

Ⓐ E. V. VIOLET BURL#B800
E. V. 紫树根 #B800

Ⓐ E. V. GREEN BURL#BC700
E. V. 绿树根 #BC700

Ⓐ E. V. OAK BURL#B11
E. V. 橡木树根 #B11

Ⓐ E. V. OAK BURL#B072
E. V. 橡木树根 #B072

Ⓐ E. V. TEAK BURL#B58
E. V. 柚木树根 #B58

Ⓐ E. V. CHEERY BURL#B21
E. V. 樱桃树根 #B21

Ⓐ E. V. CHEERY BURL#B21 （F）
E. V. 樱桃树根 #B21（影）

Ⓐ E. V. BURL#LY200
E. V. 树根 #LY200

Ⓐ E. V. BURL#10
E. V. 树根 #10

Ⓐ E. V. BURL#T13
E. V. 树根 #T13

Ⓐ E. V. YELLOW BURL#N7-1
E. V. 黄树根 #B7-1

Ⓐ E. V. WALNUT BURL#T71
E. V. 黑胡桃树根 #T71

Ⓐ E. V. TIGER STRIP
E. V. 虎斑

Ⓐ E. V. RED CHESTNUT#1
E. V. 红菱 #1

227

Ⓐ E. V. RED CHESTNUT#3
E. V. 红菱 #3

Ⓐ E. V. RED CHESTNUT#5
E. V. 红菱 #5

Ⓐ E. V. BLACK CHESTNUT#028
E. V. 黑菱 #028

Ⓐ E. V. WHITE ROSEWOOD
E. V. 白玫瑰

Ⓐ E. V. YELLOW ROSEWOODQ
E. V. 黄玫瑰（直纹）

Ⓐ E. V. RED ROSEWOOD#8
E. V. 红玫瑰 #8

Ⓐ E. V. RED ROSEWOOD#103Q
E. V. 红玫瑰 #103（直纹）

Ⓐ E. V. VIOLET ROSEWOOD
E. V. 紫色玫瑰

Ⓐ E. V. JAP. PINE（S）
E. V. 千代松（半直纹）

Ⓐ E. V. JAP. PINE（C）
E. V. 千代松（山纹）

Ⓐ E. V. EBONY#030C
E. V. 黑檀 #030（山纹）

Ⓐ E. V. EBONY#064S
E. V. 黑檀 #064（半直纹）

Ⓐ E. V. EBONY#068S
E. V. 黑檀 #068（半直纹）

Ⓐ E. V. EBONY#101C
E. V. 黑檀 #101（山纹）

Ⓐ E. V. EBONY#103C
E. V. 黑檀 #103（山纹）

Ⓐ E. V. EBONY#115Q
E. V. 黑檀 #115（直纹）

科技木——重组装饰材

Ⓐ E. V. EBONY#135Q
E. V. 黑檀 #135（直纹）

Ⓐ E. V. EBONY#137Q
E. V. 黑檀 #137（山纹）

Ⓐ E. V. WHITE VINE
E. V. 白滕

Ⓐ E. V. RED BINE
E. V. 红滕

Ⓐ E. V. GREY VINE
E. V. 青滕

Ⓐ E. V. GREEN VINE
E. V. 绿滕

Ⓐ E. V. BLUE VINE
E. V. 蓝滕

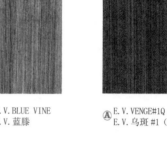

Ⓐ E. V. VENGE#1Q
E. V. 乌斑 #1（直纹）

Ⓐ E. V. VENGE#3Q
E. V. 乌斑 #3（直纹）

Ⓐ E. V. WENGE#7S
E. V. 乌斑 #7（半直纹）

Ⓐ E. V. WENGE#9Q
E. V. 乌斑 #9（直纹）

Ⓐ E. V. OAK#001S
E. V. 橡木 #001（半直纹）

Ⓐ E. V. OAK#11Q
E. V. 橡木 #11（直纹）

Ⓐ E. V. OAK#13S
E. V. 橡木 #13（半直纹）

Ⓐ E. V. OAK#25S
E. V. 橡木 #25（半直纹）

Ⓐ E. V. WHITE OAK#6C
E. V. 白橡 #6（山纹）

附录一　科技木产品样品及获奖证书

Ⓐ E. V. WHITE OAK#A20C
E. V. 白橡 #A20（山纹）

Ⓐ E. V. WHITE OAK#F24C
E. V. 白橡 #F24（山纹）

Ⓐ E. V. WHITE OAK#A26C
E. V. 白橡 #A26（山纹）

Ⓐ E. V. RED OAK#14C
E. V. 红橡 #14（山纹）

Ⓐ E. V. RED OAK#A20S
E. V. 红橡 #A20（半直纹）

Ⓐ E. V. RED OAK#F22C
E. V. 红橡 #F22（山纹）

Ⓐ E. V. WHITE DEVILWOOD
E. V. 白檡

Ⓐ E. V. RED DEVILWOOD
E. V. 丹檡

Ⓐ E. V. WHITE APRICOT
E. V. 白杏

Ⓐ E. V. SILVER APRICOT
E. V. 银杏

Ⓐ E. V. BLACK APRICOT
E. V. 黑杏

Ⓐ E. V. L. CHERRY C
E. V. L. 樱桃（山纹）

Ⓐ E. V. M. CHERRY C
E. V. M. 樱桃（山纹）

Ⓐ E. V. H. CHERRY C
E. V. H. 樱桃（山纹）

Ⓐ E. V. CHERRY Q
E. V. 樱桃（直纹）

Ⓐ E. V. CHERRY C
E. V. 樱桃（山纹）

科技木——重组装饰材

Ⓐ E. V. CHERRY（B）C
E. V. 樱桃 B（山纹）

Ⓐ E. V. CHERRY#12C
E. V. 樱桃 #12（山纹）

Ⓐ E. V. FRANCE CHERRY Q
E. V. 法国樱桃（直纹）

Ⓐ E. V. FRANCE CHERRY C
E. V. 法国樱桃（山纹）

Ⓐ E. V. BURMESE TEAK（N）Q
E. V. 缅甸柚 N（直纹）

Ⓐ E. V. BURMESE TEAK（T）Q
E. V. 缅甸柚 T（山纹）

Ⓐ E. V. L. TEAK Q
E. V. L. 泰柚（直纹）

Ⓐ E. V. H. TEAK Q
E. V. H. 泰柚（直纹）

Ⓐ E. V. TEAK（Q. B）Q
E. V. 泰柚 Q. B（直纹）

Ⓐ E. V. AFRORMOSIA Q
E. V. 柚木皇（直纹）

Ⓐ E. V. BLACK TEAK C
E. V. 黑柚（山纹）

Ⓐ E. V. RED MAHOGANY#1Q
E. V. 红柚 #1（直纹）

Ⓐ E. V. ARROW TEAK#3Q
E. V. 箭柚 #3（直纹）

Ⓐ E. V. GOLDEN TEAK#3Q
E. V. 金柚 #3（直纹）

Ⓐ E. V. TEAK#15Q
E. V. 美柚 #15（直纹）

Ⓐ E. V. RED MAHOGANY#17S
E. V. 红柚 #17（半直纹）

附录一　科技木产品样品及获奖证书

231

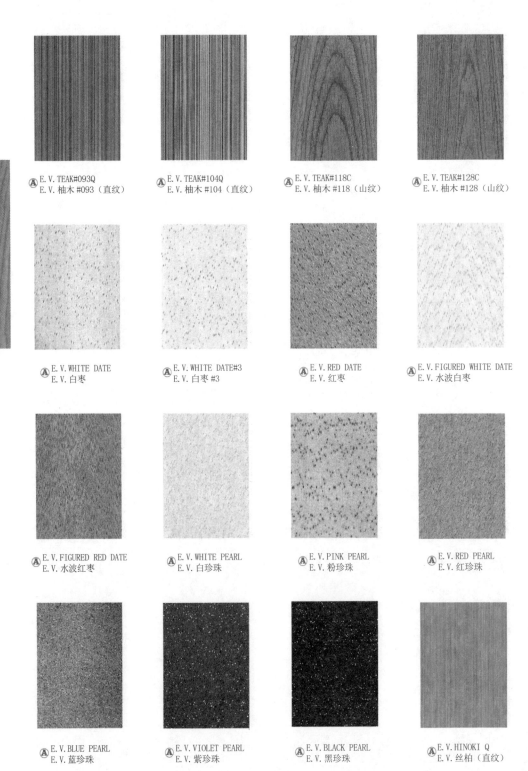

Ⓐ E. V. TEAK#093Q
E. V. 柚木 #093（直纹）

Ⓐ E. V. TEAK#104Q
E. V. 柚木 #104（直纹）

Ⓐ E. V. TEAK#118C
E. V. 柚木 #118（山纹）

Ⓐ E. V. TEAK#128C
E. V. 柚木 #128（山纹）

Ⓐ E. V. WHITE DATE
E. V. 白枣

Ⓐ E. V. WHITE DATE#3
E. V. 白枣 #3

Ⓐ E. V. RED DATE
E. V. 红枣

Ⓐ E. V. FIGURED WHITE DATE
E. V. 水波白枣

Ⓐ E. V. FIGURED RED DATE
E. V. 水波红枣

Ⓐ E. V. WHITE PEARL
E. V. 白珍珠

Ⓐ E. V. PINK PEARL
E. V. 粉珍珠

Ⓐ E. V. RED PEARL
E. V. 红珍珠

Ⓐ E. V. BLUE PEARL
E. V. 蓝珍珠

Ⓐ E. V. VIOLET PEARL
E. V. 紫珍珠

Ⓐ E. V. BLACK PEARL
E. V. 黑珍珠

Ⓐ E. V. HINOKI Q
E. V. 丝柏（直纹）

Ⓐ E. V. HINOKI C
E. V. 丝柏（山纹）

Ⓐ E. V. BUTTERFLY#101Q
E. V. 花蝶 #101（直纹）

Ⓐ E. V. FRAGRANT#117Q
E. V. 彩香木 #117（直纹）

Ⓐ E. V. SAPELE#5Q
E. V. 莎比莉 #5（直纹）

Ⓐ E. V. SAPELE#7Q
E. V. 莎比莉 #7（直纹）

Ⓐ E. V. SAPELE#9Q
E. V. 莎比莉 #9（直纹）

Ⓐ E. V. RED ELEPHANT SKIM
E. V. 红橡皮

Ⓐ E. V. BLUE ELEPHANT SKTM
E. V. 蓝橡皮

Ⓐ E. V. ASH#8C
E. V. 白栓 #8（山纹）

Ⓐ E. V. ASH#29S
E. V. 白栓 #29（半直纹）

Ⓐ E. V. ASH#511Q
E. V. 白源 #511Q

Ⓐ E. V. BIRCH
E. V. 桦木

Ⓐ E. V. L. BAMBOO
E. V. L. 竹子（平压）

Ⓐ E. V. L. BAMBOO
E. V. L. 原色竹子（侧压）

Ⓐ E. V. H. BAMBOO
E. V. H. 炭化竹子（平压）

Ⓐ E. V. H. BAMBOO
E. V. H. 炭化竹子（侧压）

233

Ⓐ D. V. GREEN MAPLE
D. V. 绿色枫木

Ⓐ D. V. BLUE MAPLE
D. V. 蓝色枫木

Ⓐ D. V. VIOLET MAP1E
D. V. 紫枫木

Ⓐ D. V. BROWN MAP1E
D. V. 棕枫木

Ⓐ D. V. RED MAP1E
D. V. 红枫木

Ⓐ D. V. WHITE ANIGRE
D. V. 白胡桃

Ⓐ D. V. WHITE ANIGRE（F）
D. V. 白胡桃（影）

Ⓐ D. V. ANIGRE
D. V. 胡桃木

Ⓐ D. V. RED ANIGRE
D. V. 红胡桃

Ⓐ D. V. BLUE ANIGRE
D. V. 蓝胡桃

Ⓐ D. V. WALNUT
D. V. 黑胡桃

Ⓐ D. V. RIBBON WALNUT
D. V. 黑桃影

Ⓐ D. V. RIBBON ANIGRE
D. V. 红桃影

Ⓐ D. V. RIBBON PADAUK
D. V. 红檀影

Ⓐ D. V. SYCAMORE
D. V. 影木

Ⓐ D. V. E. WHITE RIBBON
D. V. 欧洲白影

234

Ⓐ E. V. PPLYCO#2601DQ
E. V. 宝格丽 #2601DQ

Ⓐ E. V. PPLYCO#2621DQ
E. V. 宝格丽 #2621DQ

Ⓐ E. V. OAK#601-1BDS
E. V. 橡木 #601-1BDS

Ⓐ E. V. WHITE OAK#A38BDC
E. V. 白橡 #A38BDC

Ⓐ E. V. WHITE OAK#A50PDS
E. V. 白橡 #A50PDS

Ⓐ E. V. ZEBRAWOOD#22DS
E. V. 斑马木 #22DS

Ⓐ E. V. ZEBRAWOOD#20PDS
E. V. 斑马木 #20PDS

Ⓐ E. V. ICE TREE#2520
E. V. 冰树 #2520

Ⓐ E. V. TEXTLLE WOOD#6
E. V. 布纹 #6

Ⓐ E. V. MARBLE#10
E. V. 大理石 #10

Ⓐ E. V. MARBLE#6
E. V. 大理石 #6

Ⓐ E. V. ANIGRE FIGURED(F)
E. V. 富贵红樱桃（影）

Ⓐ E. V. BW WOOD#DS
E. V. 黑白木 #DS

Ⓐ E. V. BW BURL#5DS
E. V. 黑白树根 #5DS

Ⓐ E. V. BW-BURL#DC
E. V. 黑白树根 #DC

Ⓐ E. V. WALNUT#003-1DC
E. V. 黑胡桃 #003-1DC

235

Ⓐ E. V. WALNUT#235S
E. V. 黑胡桃 #235S

Ⓐ E. V. WALNUT#260DS
E. V. 黑胡桃 #260DS

Ⓐ E. V. WALNUT#269DS
E. V. 黑胡桃 #269DS

Ⓐ E. V. WALNUT#272S
E. V. 黑胡桃 #272S

Ⓐ E. V. WALNUT#282C
E. V. 黑胡桃 #282C

Ⓐ E. V. WALNUT BURL#1
E. V. 黑胡桃树根 #1

Ⓐ E. V. KING SAND BLACK#DQ
E. V. 黑金莎 #DQ

Ⓐ E. V. EBONY#082DQ
E. V. 黑檀 #082DQ

Ⓐ E. V. EBONY#082DS
E. V. 黑檀 #082DS

Ⓐ E. V. EBONY#098DS
E. V. 黑檀 #098DS

Ⓐ E. V. EBONY#1001S
E. V. 黑檀 #1001S

Ⓐ E. V. EBONY#1009DS
E. V. 黑檀 #1009DS

Ⓐ E. V. RED OAK#A20-5Q
E. V. 红橡 #A20-5Q

Ⓐ E. V. DECOWOOD#19Q
E. V. 幻彩木 #19Q

Ⓐ E. V. DECOWOOD#11
E. V. 幻彩木 #11

Ⓐ E. V. DECOWOOD#18Q
E. V. 幻彩木 #18Q

科技木——重组装饰材

Ⓐ E. V. DECOWOOD#2910
Ⓐ E. V. 幻彩木 #2910

Ⓐ E. V. DECOWOOD#M09Q
Ⓐ E. V. 幻彩木 #M09Q

Ⓐ E. V. DECOWOOD WALNUT
Ⓐ E. V. 幻彩木黑胡桃

Ⓐ E. V. DECO PEARL#2905DS
Ⓐ E. V. 幻彩珍珠 #2905DS

Ⓐ E. V. YELLOW PINE#18BDS
Ⓐ E. V. 黄松 #18BDS

Ⓐ E. V. GREY VINE#1906BDS
Ⓐ E. V. 灰藤 #1906BDS

Ⓐ E. V. GREY VINE#1905BDS
Ⓐ E. V. 灰藤 #1905BDS

Ⓐ E. V. GREY OAK#1112BDS
Ⓐ E. V. 灰橡 1112BDC

Ⓐ E. V. GREY OAK#102-6BQ
Ⓐ E. V. 灰橡 #102-6BQ

Ⓐ E. V. GREY OAK#1118BS
Ⓐ E. V. 灰橡 #1118BS

Ⓐ E. V. GREY OAK#1136DS
Ⓐ E. V. 灰橡 #1136DS

Ⓐ E. V. KNOTS OAK#601BDC
Ⓐ E. V. 节子橡木 #601BDC

Ⓐ E. V. ROMAN EBONY#DS
Ⓐ E. V. 罗马黑檀 #DS

Ⓐ E. V. MARK EBONY#DS
Ⓐ E. V. 马克莎黑檀 #DS

Ⓐ American White Oak#1020
美国白橡 #102Q

Ⓐ AMERICAN OAK#102-1S
美国白橡 #102-1S

237

A E. V. AMERICAN WALNUT#910DS
　 E. V. 美国黑胡桃 #910DS

A E. V. LIGHT WALNUT#912DS
　 E. V. 浅色黑胡桃 #912DS

A E. V. GREY ARROW#2608BDS
　 E. V. 青箭木 #2608BDS

A E. V. BURL#107
　 E. V. 树根 #107

A E. V. EXCELWOOD#2
　 E. V. 水波纹木 #2

A E. V. WASNED OAK#1126BDS
　 E. V. 水洗橡木 #1126BDS

A E. V. WASHED OAK#A80DS
　 E. V. 水洗橡木 #A80DS

A E. V. HINOKI#2BS
　 E. V. 丝柏 #2BS

A E. V. SILK OAK#1162BPQ
　 E. V. 丝绸橡木 #1162BPQ

A E. V. ROSEWOOD#230PDC
　 E. V. 酸枝 #230PDC

A E. V. ROSEWOOD#218DC
　 E. V. 酸枝 #218DC

A E. V. OAK#1106PDC
　 E. V. 橡木 #1106PDC

A E. V. OAK#092S
　 E. V. 橡木 #092S

A E. V. OAK#275BDS
　 E. V. 橡木 #275BDS

A E. V. OAK#KS158
　 E. V. 橡木 #KS158

A E. V. NEW ZEALAND OAK#2PDS
　 E. V. 新西兰橡木 #2PDS

科技木——重组装饰材

Ⓐ E. V. SMOKING WALNUT#150WDC
　E. V. 烟薰黑胡桃 #150WDC

Ⓐ E. V. ITA WALNUT#869C
　E. V. 意大利黑胡桃 #869C

Ⓐ E. V. SILVER LACEWOOD#3
　E. V. 银蕾丝 #3

Ⓐ E. V. SILVER PEARL#A20DQ
　E. V. 银梨木 #A20DQ

Ⓐ E. V. SILVER PEARL#3BPQ
　E. V. 银梨木 #3BPQ

Ⓐ E. V. SILVER OAK#17BPQ
　E. V. 银橡木 #17BPQ

Ⓐ E. V. Silver Oak#026BQ
　E. V. 银橡木 #026BQ

Ⓐ E. V. INDONESIA EBONY#2DC
　E. V. 印尼黑檀 #2DC

Ⓐ E. V. INDONESIA EBONY#3DS
　E. V. 印尼黑檀 #3DS

Ⓐ E. V. CHERRY#17DS
　E. V. 樱桃 #17DS

Ⓐ E. V. TEAK#310DS
　E. V. 柚木 #310DS

Ⓐ E. V. MAPLE VEGA#218
　E. V. 织女枫木 #218

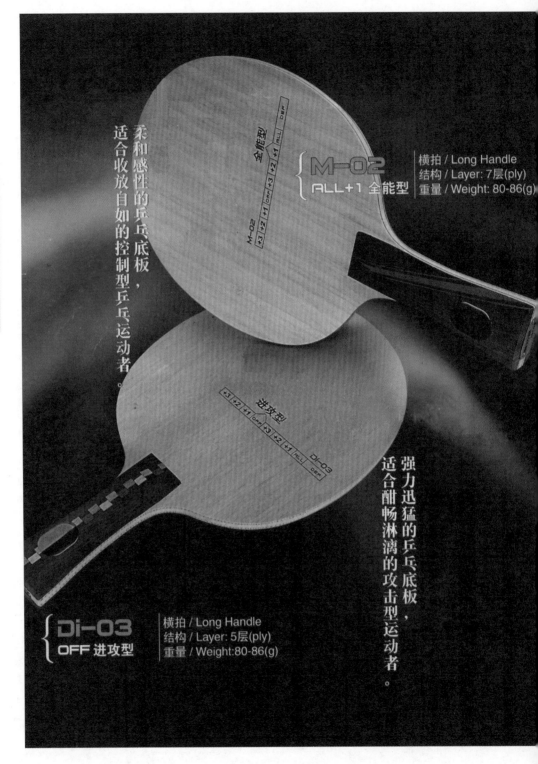

科技木——重组装饰材

适合收放自如的控制型乒乓运动者。
柔和感性的乒乓、底板，

M-02
ALL+1 全能型

横拍 / Long Handle
结构 / Layer: 7层(ply)
重量 / Weight: 80-86(g)

全能型

适合酣畅淋漓的攻击型运动者。
强力迅猛的乒乓、底板，

进攻型

Di-03
OFF 进攻型

横拍 / Long Handle
结构 / Layer: 5层(ply)
重量 / Weight:80-86(g)

科技木——重组装饰材

国家技术发明奖
证　书

为表彰国家技术发明奖获得者，特
颁发此证书。

项目名称：刨切微薄竹生产技术与应用

奖励等级：二等

获 奖 者：庄启程(德华建材（苏州）有限公司)

2007 年 12 月 11 日

证书号：2007-F-202-2-01-R06

附录二
氙弧灯装置

第一节　空气冷却式氙弧灯装置

一、说明及使用条件

1. 所用的试验装置配备有一支或多支空气冷却式氙弧灯作为辐射光源。在不同规格和类型的装置中，使用不同类型和规格的灯，这些灯具有不同的工作功率范围。在不同类型的暴露装置中，灯的功率可能是不同的，当试样在试架上暴露时，试样暴露面上的辐照度应处于规定的水平。

2. 辐射系统由一支固定在试验箱中心的氙弧灯或者对称排列的三支灯组成，这要视装置的类型而定。吸热系统可以使用以下一种或者全部组件构成：一个空气或水冷的吸热器（紫外和可见光反射镜可与吸热器相连以反射光辐射），一个或多个石英套可使压缩空气循环流过内套管，水流过同心石英套管之间。所有冷却空气应排到实验室建筑物外，也可在石英套管的内表面涂覆一层红外反射涂层，以进一步减少灯发出的热量，并防止部分热量进入试验箱。

透过窗玻璃的日光要求对来自光源的光进行过滤，使试件接受到透过窗玻璃的日光相近的光谱低端截止值的光照。

红外吸收滤光器何窗玻璃滤光器的透光率都会随使用时间而变化。因此，这种滤光器在使用 4 000 h 后应报废，或者要按照设备的使用说明书加以处理。

在选用此设备进行暴晒的情况下，在 300~100 nm 的光谱辐照度应选定为（50±3）$\mathrm{W/m^2}$，或 420 nm 处的辐照度设定为（1.10±0.02）$\mathrm{W/m^2}$。

对于灯的功率可以在大范围内改变的装置，不管试样架转动与否，紫外辐照度规定值的调节与操作方式无关。当设定的光谱辐照度不再能通过自动控制达到时，氙弧灯就应报废。

3. 按本标准使用的装置配有倒数计时器来控制暴露时间。有些装置还配有辐射计，当设定的辐射暴露达到时，就关闭该装置。

二、温度和湿度控制

1. 在采用本标准进行的试验中，准确和严密地控制温度是极为重要的。温度由黑标准温度计测量，此温度计装在试样架上，其表面与试样处于相同的相应位置上，并受到相同的试验影响。

2. 通风系统提供稳定的空气流流经试验箱中暖空气与箱外的冷气混合后再循环进行箱内而自动控制空气的温度。在一些装置中，选用黑标准温度来进行自动控制。

3. 根据不同类型的装置，试验箱的空气调节可通过用超声增湿器把湿气加入空气中，或者用喷雾器把水雾喷入空气流。在试验箱中的相对湿度可用电容式传感器或者接触式温度计测量和控制。

第二节　水冷式氙弧灯装置

一、说明及使用条件

1. 所用的试验装置配备有一支水冷氙弧灯作为辐射光源。虽然所用的氙灯都属于同种类型，但是在各种不同规格和类型的装置中，所使用的的不同规格的灯有不同的功率范围。在各种型号的暴露装置中，每一种装置的试样框架的直径、灯的规格和灯的功率都可能是不同的。当试样在试样架上暴露时，试样表面上的辐照度应处于规定的水平。

2. 使用的氙弧灯由一支氙弧灯管，一个内层玻璃滤光罩和一些必要的配件组成。透过窗玻璃的日光的试验方法使用的是一个硼硅玻璃内滤光罩和一个钠钙玻璃外滤光罩，使试样上的辐照度的光谱低端的截止值与透过窗玻璃的日光的值相近，也有其他的玻璃滤光罩，具有不同的光谱截止值。由于透光率会变化（日晒作用），外滤光罩使用 2 000 h 后应报废，而内滤光罩只能用 400 h。

在 420 nm 的光谱辐照度选定为 4.25 W/m^2 时，由于光强度随

247

使用时间而降低，当规定的光谱辐照度不能再通过自动控制达到时，氙弧灯管就应报废。

3. 所有类型的氙弧灯暴露装置都配备有合适的触发器、电抗变压器和指标及控制设备来手动或自动控制灯的功率。对于手动控制的装置，灯的功率应周期性地调节，以保持规定的光谱辐照度。

4. 为了冷却氙弧灯，用蒸馏水或去离子水以至少 378.5 L/h 的流量流经灯的部件。为了防止污染及减少形成沉积物，可用一个贴近灯前部的混合床式去离子器把水纯化。灯的再循环冷却水用热交换器冷却并防止污染，可用自来水或制冷剂作为热交换介质。

5. 本标准使用的装置配备有一个倒数计时器来控制暴露时间。有些装置还配有一个光监控器，使预设的辐射暴露一达到就马上关闭装置。

二、温度和湿度控制

1. 在按照本标准进行的试验中，准确和严密地控制温度是至关重要的。温度的测量和控制使用黑标准温度计或黑板温度计。温度计装在试样架上，其表面与试样处于相同的相应位置上，并受到相同的试验影响。

2. 暴露装置置于隔热箱中，以减少任何室温变化的影响。通风系统提供稳定的空气流流经试验箱和试样，空气的温度由再循环的试验箱中暖空气和箱外的冷空气混合而自动控制。为了达到规定的黑标准温度或黑板温度并保持规定的干球温度恒定，必要时可以调节和控制风扇转速。

参 考 文 献

［1］白英彩，唐冶文，余巍.计算机集成制造系统 CIMS 概论［M］.北京：清华大学出版社，1997.

［2］宾鸿赞.加工过程数控［M］.武汉：华中理工大学出版社，1999.

［3］常君成，黄永，常佳勤.低毒耐水脲醛树脂胶的研制［J］.粘接，1991（5）.

［4］成俊卿.木材学［M］.北京：中国林业出版社，1981.

［5］董振礼，郑宝海，轾桂芬.测色及电子计算机配色［M］.北京：中国纺织出版社，1996.

［6］顾继友.胶黏剂与涂料［M］.北京：中国林业出版社，1999.

［7］华毓坤.人造板工艺学［M］.北京：中国林业出版社，2002.

［8］化学工业部.仪器分析［M］.北京：化学工业出版社，1997.

［9］季佳.木材胶黏剂生产技术［M］.北京：化学工业出版社，2000.

［10］李德清，皇甫建华.刨切薄竹工艺探讨［J］.林业机械与木工设备，2001，29（10）.

［11］李坚.木材科学［M］.哈尔滨：东北林业大学出版社，1994.

［12］李兰亭.胶黏剂与涂料［M］.北京：中国林业出版社，1992.

［13］李庆章.人造板表面装饰［M］.哈尔滨：东北林业大学出版社，1987.

［14］李延军，杜春贵，刘志坤，等.刨切薄竹的发展前景与生产技术［J］.林产工业，2003，30（3）.

［15］龙传文，侯海，宋圣华.荷木单板的漂白与染色工艺［J］.木材工业，2004（91）.

［16］陆仁书.胶合板制造学［M］.北京：中国林业出版社，1993.

［17］吕守茂，丁亚玲.改性脲醛树脂新进展［J］.中国胶黏剂，2000（3）.

［18］罗发埃尔.人造板和其他材料的甲醛散发［M］.王定选，陈万洮，译.北京：中国林业出版社，1990.

［19］罗清琬，乌竹香，张勤丽，等.人造薄木制造工艺的研究［J］.南京林学院学报，1984（4）.

［20］美国国家研究委员会.90 年代的材料科学与材料工程：在材料时代保持竞争力［M］.中国航空工业总公司北京航空材料研究所，中国航空工业总公司航空信息中心，译.北京：航空工业出版社，1992.

［21］孟宪树，姜征.人造薄木制造工艺的新研究［J］.木材工业，1995（3）.

［22］孟宪树.人造薄木：新型人造板表面装饰材料［J］.林产工业，1998（3）.

［23］穆亚平，宋孝周，张保健.家具与家装整体设计［J］.木材工业，2002（2）.

［24］南京林业大学，维德木业（苏州）有限公司，中国林业科学研究院木材工业研究所，等.重组装饰材，非书资料：GB/T28998–2012[S].北京：中国标准出版社，2012.

［25］邱永亮.染色化学［M］.台北：徐氏基金会，1996.

［26］区炽南.制材学［M］.北京：中国林业出版社，1992.

［27］全国家具标准化中心，南京林业大学木材工业研究院，北京市建筑材料科学研究院.室内装饰装修材料木家具中有害物质限量，非书资料：GB18584–2001[S].北京：中国标准出版社，2000.

［28］上海纺织标准计量研究所，上海纺织科学研究院，国家标准化管理委员会.纺织品色牢度试验评定变色用灰色样卡，非书资料：GB/T250–2008[S].北京：中国标准出版社，2008.

［29］上海市纺织工业技术监督所，国家标准化管理委员会.纺织品色牢度试验蓝色羊毛标样（1～7）级的品质控制，非书资料：GB/T730–2008[S].北京：中国标准出版社，2008.

［30］邵孝洵.木材染色［J］.南京科技，1975（1）.

［31］邵卓平，周学辉，魏涛，等.竹材在不同介质中加热处理后的强度变异［J］.林产工业，2003，30（3）.

［32］沈贵.中国木材工业现状［J］.亚洲板材与家具，2002（3）.

［33］唐星华.木材用胶黏剂［M］.北京：化学工业出版社，2002.

［34］陶绪泉，崔慧，张立云，等.脲醛树脂胶黏剂研究进展［J］.粘接，1998（5）.

［35］王菊生.染整工艺原理（第四册）[M].北京：中国纺织出版社，1987.

［36］徐如人.简明精细化工辞典［M］.上海：上海科学技术出版社，2000.

［37］徐作耀.中国丝绸机械［M］.北京：中国纺织出版社，1998.

［38］BERNSRS.颜色技术原理［M］.李小梅，译.北京：化学工业出版社，2002.

［39］杨伟忠，石红.电脑测色仪在纺织检验及生产上的应用［J］.染整技术，2002，（24）3.

［40］翟思涌.木材窑干实务［J］.木工家具杂志社，1997.

［41］张红鸣，徐捷.实用着色与配色技术［M］.北京：化学工业出版社，2001.

［42］张齐生.中国的木材工业与国民经济的可持续发展［J］.林产工业，2003，30（3）.

［43］张齐生.中国竹材工业利用［M］.北京：中国林业出版社，1995.

［44］张勤丽.人造板表面装饰［M］.北京：中国林业出版社，1986.

［45］张洋，刘启明.人造板胶黏剂与薄木制造及饰面技术［M］.北京：中国林业出版

社，2001.

［46］赵周明. 色彩设计［M］. 西安：陕西人民美术出版社，2000.

［47］郑睿贤. 人工薄木的前景及制造工艺［J］. 林产工业，1999（3）.

［48］中国林业科学研究院木材工业研究所，等. 人造板及饰面人造板理化性能试验方法，非书资料：GB/T17657–2013[S]. 北京：中国标准出版社，2013.

［49］中国林业科学研究院木材工业研究所，等. 室内装饰装修材料人造板及其制品中甲醛释放限量，非书资料：GB18580–2017[S]. 北京：中国标准出版社，2017.

［50］朱政贤. 木材干燥［M］. 北京：中国林业出版社，1992.

［51］庄启程，等. 刨切薄竹用竹方软化新技术［J］. 林产工业，2003（5）.

［52］MCLAREN K.The Colour Science of Dyes and Pigments［M］. Bristol：AdamHilger,1983.